专用于国家职业技能鉴定

国家职业资格培训教程

铀浓缩生产供取料操作工

（基础知识）

中国核工业集团有限公司人力资源部
中 国 原 子 能 工 业 有 限 公 司 组织编写

中国原子能出版社

图书在版编目(CIP)数据

铀浓缩生产供取料操作工．基础知识 / 中国核工业集团有限公司人力资源部，中国原子能工业有限公司组织编写．—北京：中国原子能出版社，2019.12

国家职业资格培训教程

ISBN 978-7-5221-0418-8

Ⅰ.①铀… Ⅱ.①中…②中… Ⅲ.①铀浓缩物-生产准备-技术培训-教材 Ⅳ.①TL212.3

中国版本图书馆 CIP 数据核字(2019)第 299238 号

铀浓缩生产供取料操作工(基础知识)

出版发行	中国原子能出版社(北京市海淀区阜成路 43 号　100048)
责任编辑	宋翔宇
装帧设计	赵　杰
责任校对	冯莲凤
责任印制	潘玉玲
印　　刷	保定市中画美凯印刷有限公司
经　　销	全国新华书店
开　　本	787 mm×1092 mm　1/16
印　　张	9.5
字　　数	237 千字
版　　次	2019 年 12 月第 1 版　2019 年 12 月第 1 次印刷
书　　号	ISBN 978-7-5221-0418-8　　**定　价　56.00 元**

网址:http://www.aep.com.cn　　**E-mail:atomep123@126.com**

发行电话:010-68452845

国家职业资格培训教程

铀浓缩生产供取料操作工
（基础知识）

编审委员会

前　言

为推动核行业特有职业技能培训和职业技能鉴定工作的开展，在核行业特有职业从业人员中推行国家职业资格证书制度，在人力资源和社会保障部的指导下，中国核工业集团有限公司人力资源部组织有关专家编写了《国家职业资格培训教程——铀浓缩生产供取料操作工》(以下简称《教程》)。

《教程》以国家职业标准为依据，内容上力求体现"以职业活动为导向，以职业技能为核心"的指导思想，紧密结合实际工作需要，注重突出职业培训特色；结构上针对本职业的职业活动的领域，按照模块化的方式，分为初级、中级、高级、技师、高级技师五个等级进行编写的。《教程》中的章对应于职业标准的"职业功能"，节对应"工作内容"；每节包括"学习目标""生产供取料操作""工艺操作"及"自检"等单元，涵盖了职业标准中的"技能要求"和"相关知识"的基本内容。此外，针对职业标准中的"基本要求"，还专门编写了《铀浓缩生产供取料操作工(基础知识)》一书，内容涉及：职业道德、专业基础知识、安全文明生产与环境保护知识、质量管理知识和相关法律、法规知识等。

《教程》适用于铀浓缩生产供取料操作工的初级、中级、高级、技师、高级技师培训，是铀浓缩生产供取料操作工职业技能鉴定的指定辅导用书。

《教程》由刘亚平、于金光、刘伟民、韩晓林、魏晋辉、翟福建等编写，由陈聚才、何石、罗杰元、王铁军、陈平、杨铁成、姚振国、孙忠林审核。中核兰州铀浓缩有限公司承担了本《教程》的编写工作。编写过程中也得到了中核陕西铀浓缩有限公司和四川红华实业有限公司等相关单位的大力支持。

由于编者水平有限，时间仓促，加之科学技术的发展，教材中不足与错误之处在所难免，欢迎提出宝贵意见和建议。

中国核工业集团有限公司人力资源部

中国原子能工业有限公司

目　录

第一章　铀浓缩生产供取料操作工职业道德

学习要求:通过本部分的学习,使学员掌握职业道德基本知识和基本规范、铀浓缩生产供取料操作工职业守则等相关知识,树立良好的职业道德观念。

课时要求:4 课时。

一、职业道德基本知识

(一)职业道德的基本概念

职业道德是社会道德要求在职业行为和职业关系中的具体表现,是整个社会道德生活的重要组成部分。职业道德就是从事一定职业的人们在工作或劳动过程中所应该遵守的、与其职业活动紧密联系的道德规范和原则的总和。职业道德的内容很丰富,包括职业道德意识、职业道德守则、职业道德行为规范,以及职业道德培养、职业道德品质等内容。

职业道德反映着某种职业的特殊要求。它是人们履行本职工作的时候,从思想到行动应该遵守的准则,同时也是各个行业在道德方面对社会应尽的责任和义务。铀浓缩生产供取料操作工职业道德是指从事铀浓缩生产供取料操作职业的人员在完成与铀浓缩生产供取料操作及有关的各项劳动过程中,从思想到工作行为所必须遵守的道德规范和行为准则。

(二)职业道德的意义

有利于推动社会主义物质文明和精神文明建设:从事职业活动的人们自觉遵守职业道德,将规范人们的职业活动和行为,可以极大程度地推动整个社会的物质创造活动。同时,良好的职业道德创造良好的社会秩序,提高人们的思想境界,为树立社会良好的道德风尚奠定了坚实的基础,促进了社会主义精神文明建设。

有利于行业、企业建设和发展:行业的从业人员遵守职业道德,对行业的发展影响巨大,不断提高行业的道德标准,将是行业自身建设和发展的客观要求。促进企业经营管理、提高经济效益需要充分发挥企业中每个职工的劳动积极性、能动性。这要求广大职工自觉遵守职业道德,从思想和行动上全身心投入工作当中,产生对企业的凝聚力和推动力。职业道德还可以保障企业的发展按照正常的轨道前进,使企业获得良好的经济效益和社会效益。

有利于个人的提高和发展:职业人员应该树立良好的职业道德,遵守职业守则,安心本职工作,勤奋钻研本职业务,才能提高自身的职业能力和素质。在市场经济条件下,高素质的劳动者向高效益的企业流动,是社会发展的必然趋势。只有树立良好的职业道德,不断提高职业技能,劳动者才能够在劳动市场优胜劣汰的竞争中立于不败之地。

(三)职业道德的特点

(1)职业道德是社会主义道德体系的重要组成部分:由于每个人的职业与人民、国家、社会的利益密切相关,每个工作岗位、每一次职业行为,都包含着如何处理个人与国家、个人与集体关系的问题,因此,职业道德是社会主义道德体系的重要组成部分。

(2)职业道德的重要内容是树立全新的社会主义劳动态度:职业道德的本质就是在社会主义市场经济条件下,鼓励每个劳动者通过诚实的劳动,在改善自己生活的同时,为增进社会主义共同利益而劳动，为建设国家而劳动。劳动既是为个人谋生，也是为社会服务，劳动的双重含义产生了全新的劳动态度，具有崇高的职业道德价值。

二、职业道德的基本规范

(一) 爱岗敬业，忠于职守

任何一种道德都是从一定的社会责任出发，在个人履行对社会责任的过程中，培养相应的社会责任感，从长期的良好行为和规范中建立起个人的道德。因此，职业道德首先要从爱岗敬业、忠于职守的职业行为规范开始。爱岗敬业就是提倡“干一行，爱一行”的精神。忠于职守，就是要把自己职业范围内的工作做好，合乎质量标准和规范要求，能够完成应承担的任务。

(二) 诚实守信，办事公道

信誉是企业在市场经济中赖以生存的重要依据，而良好的产品质量和服务是企业信誉的基础。企业的员工必须在职业活动中以诚实守信的职业态度，为企业、社会创造优质的产品，提供优质的服务。办事公道是指在利益关系中正确地处理好国家、企业、职工个人、他人(消费者)的利益关系。要始终以国家、人民的利益为最高原则，以社会主义事业利益为最高原则，不徇私情，不谋私利，维护国家、人民的利益。在工作中，要处理好企业和个人的利益关系，做到个人服从集体，保证个人利益和集体利益相统一。

(三) 服务群众，奉献社会

在社会主义社会，每个人都有权利享受他人的职业服务，同时每个人也都承担为他人提供职业服务、为社会做奉献的义务。企业就是在为社会、为大众努力创造丰富的物质环境、提供优质的产品和服务，而企业中工作的每个人所从事的工作也是为这个目标努力。

(四) 遵纪守法，廉洁奉公

法律法规、政策和各种规章制度，都是按照事物发展的规律制定出来的约束人的行为规范。从事职业活动的人，既要遵守国家的法律法规和政策，又要自觉遵守和职业活动、行为有关的制度和纪律，如劳动纪律、安全操作规程，才能很好地履行岗位职责，完成企业分派的任务。廉洁奉公强调的是要求从业人员公私分明，不损害国家和集体的利益，不在自己的工作岗位上谋取私利。这是每个人应该具备的基本道德品质。

三、铀浓缩生产供取料操作工职业守则

(1) 遵守国家法律、法规与政策和企业的有关规章制度。

(2) 爱岗敬业，忠于职守，认真、自觉地履行各项职责。

(3) 工作认真负责，严于律己，吃苦耐劳。

(4) 刻苦钻研业务，重视岗位技能训练，认真学习专业知识，努力提高劳动者素质。

(5) 谦虚谨慎，团结合作，主动配合工作。

(6) 严格执行铀浓缩生产供取料操作工岗位规程，重视安全生产，保证产品质量。

(7) 坚持文明生产，创造一个清洁、文明、适宜的工作环境，塑造良好的企业形象。

第二章　基础知识

学习要求：通过本部分的学习，使学员掌握机械制图基础知识、计算机基础知识、辐射防护知识、工业安全知识、工程流体力学及热工基础知识、常用工程材料和铀分离过程的腐蚀等。

课时要求：120 课时。

第一节　机械制图基础知识

对于铀浓缩生产供取料操作工来讲，正确识读和绘制零部件简图、设备原理图、工艺线路图是非常重要的，这直接关系到他们操作的正确性。本节介绍简单的识绘图知识，包括机械制图基础知识、工艺线路图符号等。

一、机械制图基础知识

（一）图纸幅面的规定

图纸幅面和格式在 GB/T 14689—1993《技术制图 图纸幅面和格式》中有较详细的规定，该标准中规定的内容如下：

绘制工程图样时，应优先采用表 2-1 所规定的基本幅面尺寸。

表 2-1　基本幅面尺寸　　mm

幅面代号	尺寸 $B \times L$
A0	841×1 189
A1	594×841
A2	420×594
A3	297×420
A4	210×297

必要时，也允许选用表 2-2 所规定的加长幅面。这些幅面的尺寸是由基本幅面的短边乘整数倍增加后得出，见图 2-1。图中粗实线所示为基本幅面；虚线所示为加长幅面。

表 2-2　加长幅面尺寸　　mm

幅面代号	尺　寸
A0×2	1 189×1 682
A0×3	1 189×2 523
A1×3	841×1 783
A1×4	841×2 378
A2×3	594×1 261

续表

幅面代号	尺　寸
A2×4	594×1 682
A2×5	594×2 102
A3×3	420×891
A3×4	420×1 189
A3×5	420×1 486
A3×6	420×1 783
A3×7	420×2 080
A4×3	297×630
A4×4	297×841
A4×5	297×1 051
A4×6	297×1 261
A4×7	297×1 471
A4×8	297×1 682
A4×9	297×1 892

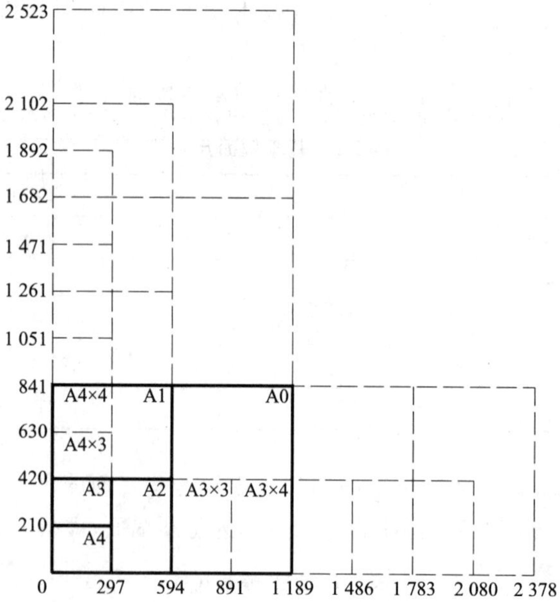

图 2-1　图纸基本幅面和加长幅面

(二) 标题栏的位置和格式

GB/T 10609.1—1989《技术制图标题栏》规定了两种格式,包括下列内容:零件的名称、制图者姓名、制图日期、制图的比例、图号、审核者姓名、审核日期等,如图 2-2 所示。

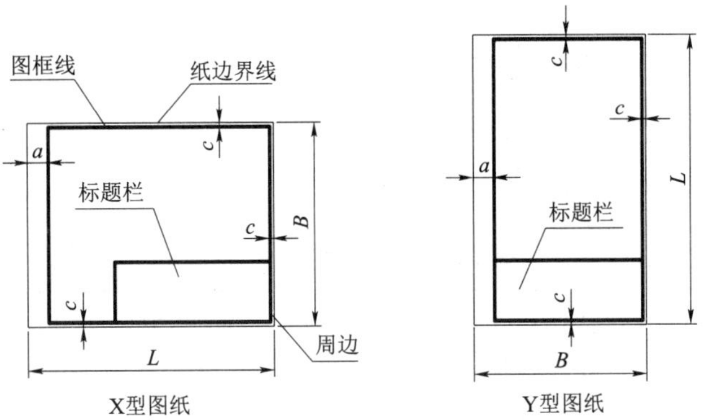

图 2-2　标题栏的位置

(三) 字体和文字书写(GB/T 14691—1993)

1. 图中的汉字、数字、字母和符号等必须做到:字体工整、笔画清楚、间隔均匀、排列整齐。

2. 字体高度(用 h 表示)的公称尺寸系列为:1.8 mm、2.5 mm、3.5 mm、5 mm、7 mm、10 mm、14 mm、20 mm。如需要书写更大的字,其字体高度应按 $\sqrt{2}$ 的比率递增。字体高度代表字体的号数。

3. 汉字应写成长仿宋体字,并应采用中华人民共和国国务院正式公布推行的《汉字简化方案》中规定的简化字。汉字的高度 h 不应小于 3.5 mm,其字宽一般为 $h/\sqrt{2}$ 。

4. 字母和数字可写成斜体和直体。斜体字字头向右倾斜,与水平基准线成 75°。拉丁字母、希腊字母、阿拉伯数字和罗马数字的书写和排列宜符合表 2-3 的规定。

表 2-3　拉丁字母、希腊字母、阿拉伯数字和罗马数字书写规则

字体要求	一般字体	窄字体
大写字母字体高度	h	h
小写字母字体高度	$(7/10)h$	$(10/14)h$
字母间间距	$(2/10)h$	$(2/14)h$
上下行基准线间最小间隔	$(14/10)h$	$(20/14)h$
词间距	$(6/10)h$	$(6/14)h$
笔画宽度	$(1/10)h$	$(1/14)h$

5. 制图时宜采用表 2-4 所列字号。

表 2-4　文字用途和相应字号

文字用途	推荐字号
文字	不小于 3.5 号
标注尺寸、拉丁字母、阿拉伯数字、罗马数字	不小于 2.5 号
图标中的图名及视图符号	7 号
轴线号、标注序号、代号	不小于 5 号
工程名称及其他文字说明	不小于 5 号

(四) 图线

1. 所有线型的图线宽度(b)应按图样的类型和尺寸大小在下列数系中选择。

0.13 mm、0.18 mm、0.25 mm、0.35 mm、0.5 mm、0.7 mm、1 mm、1.4 mm、2 mm。

2. 制图时应根据不同用途采用表 2-5 所示图线宽度。根据图样复杂程度和比例大小，基本图线宽度 b 宜选用 0.5 mm、0.7 mm、1 mm、1.4 mm、2 mm。

表 2-5 不同图线宽度的用法

<table>
<tr><th colspan="2" rowspan="2">类 别</th><th colspan="3">图线宽度</th></tr>
<tr><th>粗线(b)</th><th>中粗线($b/2$)</th><th>细线($b/3$)</th></tr>
<tr><td colspan="2">工艺系统流程图</td><td>主物料管道</td><td>其他物料管道</td><td>设备、阀门及其他</td></tr>
<tr><td colspan="2">设备布置图</td><td></td><td>设备轮廓</td><td>建筑外框及其他</td></tr>
<tr><td rowspan="2">管道布置图</td><td>单线</td><td>管道</td><td></td><td rowspan="2">建筑外框、设备、阀门、法兰及其他</td></tr>
<tr><td>双线</td><td></td><td>管道</td></tr>
<tr><td colspan="2">管道轴测图</td><td>管道</td><td></td><td>设备、阀门、法兰及其他</td></tr>
<tr><td colspan="2">管道支吊架等组装图</td><td></td><td>管部、根部等</td><td>其他</td></tr>
<tr><td colspan="2">加工制造图</td><td>零部件</td><td>虚线部分</td><td>其他</td></tr>
</table>

3. 同一图样中相同部分的图线宽度应一致。

4. 平行线间的最小间隙不应小于粗线宽度的 2 倍，且不得小于 0.7 mm。

5. 虚线、点画线或双点画线的线段长度和间距宜各自相等。

当图形较小或线段较短，绘制点画线或双点画线有困难时，可用实线绘制，点画线或双点画线的两端应是线段。

6. 虚线、点画线或双点画线相互相交或与其他图线相交时，应是线段交接。

(五) 图形符号的制订、使用和组合派生

管路系统中常用的图形符号是按形象化、简化、清晰和便于手工、计算机绘图及缩微复制等要求制订的。

1. 管路系统中常用的图形符号是按管路为水平时绘制的，也适用于任何位置的管路，但图形符号内的字符、指针等仍按管路为水平时表示。

2. 同一图样上图形符号的各类线型宽度应分别保持一致。

3. 功能相关的图形符号应成组设计，可由一基本符号与附加符号或符号要素组成。

4. 未作规定的管路系统中的图形符号可根据以上原则组合或派生。

5. 管路系统中常用的图形符号一般在单线管路中使用。必要时，也可用于双线管路。

6. 在应用时，图形符号的大小可适当的按比例放大或缩小。

(六) 尺寸标注

1. 图样中，图形的真实大小应以图样上所注的尺寸数值为依据，与图形的大小及绘图准确度无关。

2. 图样中的尺寸以 mm 为单位时，不需标注计量单位或名称，如采用其他计量单位时，则必须注明相应的计量单位或名称。

3. 尺寸界线和尺寸线应采用细实线绘制。尺寸界线可从图形的轮廓线、轴线或中心线引出。轮廓线、轴线或中心线也可作为尺寸界线。尺寸界线宜超出尺寸线 2～3 mm(图 2-3)。

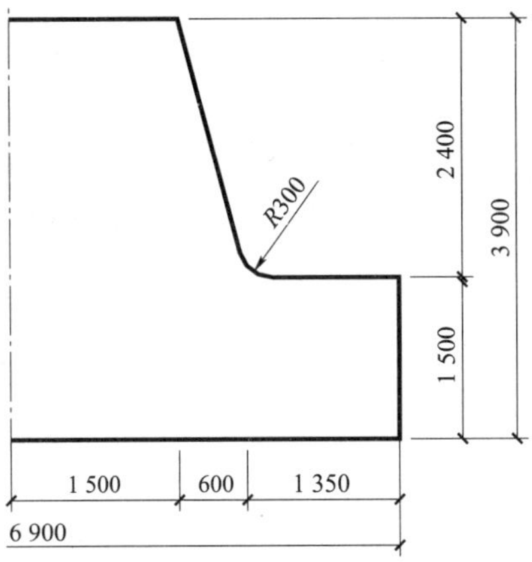

图 2-3　尺寸界线和尺寸的画法

4. 图样中的图线不得作为尺寸线。

5. 尺寸界线应与尺寸线垂直,当标注困难时,尺寸界线可不垂直于尺寸线,但尺寸线应与被标注的线段平行(图 2-4)。

6. 当图样采用断开画法时,尺寸线不得间断,并应标注整体尺寸数值(图 2-5)。

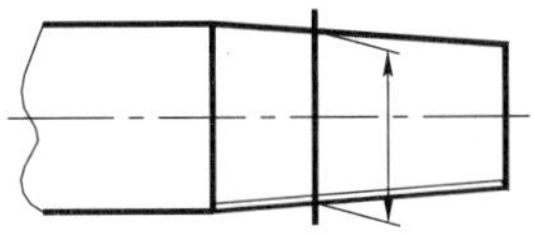

图 2-4　尺寸界线与尺寸线不垂直的画法

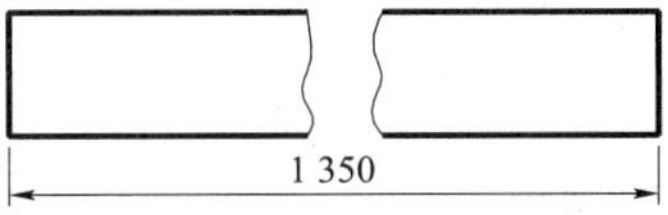

图 2-5　断开画法的尺寸标注方法

7. 尺寸的终端标注应符合下列规定

(1) 尺寸线的终端符号应用实心箭头、斜短线或圆点表示[图 2-6(a)]。斜短线的倾斜方向应按顺时针方向与尺寸界线成 45°角,并通过尺寸线与尺寸界线的交点[图 2-6(b)]。斜短线宜长 2～5 mm,宽度宜为尺寸线宽度的 2 倍。

(2) 同一张图中采用的尺寸线终端符号应一致,但箭头与圆点可在同一张图中同时使用[图 2-6(c)]。

(3) 同一张图中需同时标注线段尺寸和圆弧尺寸时,可同时使用箭头和斜短线。

(4) 曲线尺寸线的终端符号应采用箭头表示。

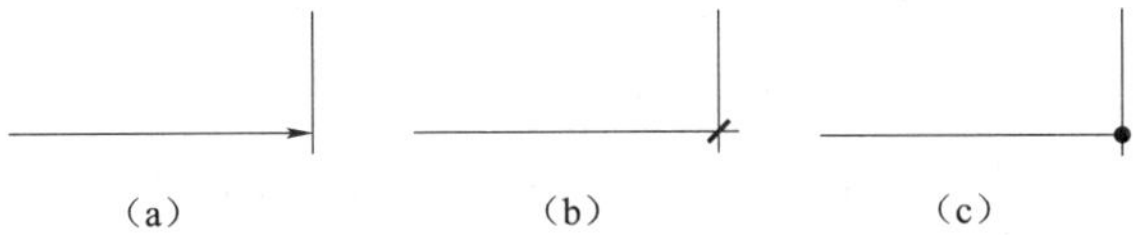

图 2-6　尺寸线终端画法

(a) 尺寸线终端用箭头表示;(b) 尺寸线终端用斜短线表示;(c) 尺寸线终端用圆点表示

8. 尺寸数值应标注在水平尺寸线的上方中部和垂直尺寸线的左侧中部。弧形尺寸线上尺寸数值应水平标注。斜尺寸线上的数值应沿斜向标注[图 2-7(a)]。尺寸数值不应被任何图线通过,当必须通过时,该图线应断开[图 2-7(b)]。

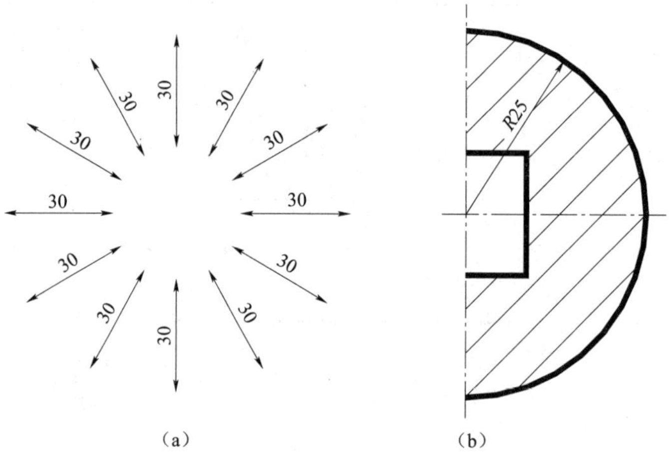

图 2-7 斜尺寸和断面上尺寸标注方法

(a) 斜尺寸标注方法;(b) 断面上尺寸标注方法

9. 尺寸数值的标注位置狭窄时,所标注的一系列数值中,最外侧的数值可标注在尺寸界线外侧,中间相邻的数值可在尺寸线上下错开或引出标注(图 2-8)。

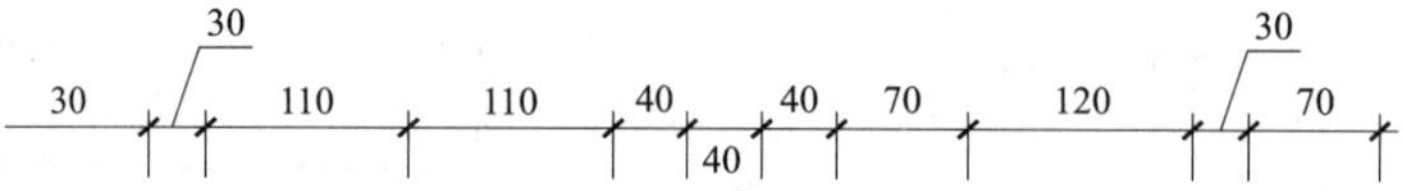

图 2-8 尺寸数值标注方法

10. 标注圆弧、球面的半径或直径尺寸时,应在圆直径数值前加注符号 Φ,在圆半径数值前加注符号 R,在球直径数值前加注符号 $S\Phi$,在球半径数值前加注符号 SR。

11. 当圆的直径或圆弧半径较小时,可将尺寸线引出标注尺寸(图 2-9)。

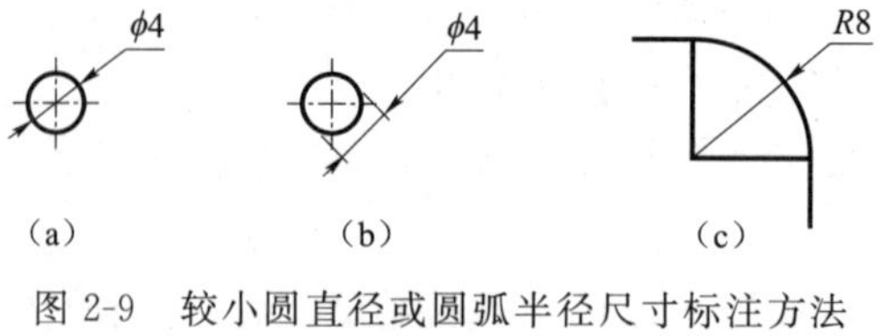

图 2-9 较小圆直径或圆弧半径尺寸标注方法

(a) 小圆直径标注之一;(b) 小圆直径标注之二;(c) 圆弧半径标注

12. 当圆弧半径过大或在图纸范围内无法标出其圆心位置时,可按图 2-10 标注。

13. 标注弧长和弦长时,尺寸界线应与该弦垂直。弦长尺寸线应绘成直线并与弦平行[图 2-11(a)],弧长的尺寸线应绘成同心圆弧,尺寸数值应加注弧长符号"⌒"[图 2-11(b)]。当弧度较大时,尺寸界线可沿径向引出[图 2-11(c)]。

14. 标注 45°倒角的角度与宽度时,可将宽度与角度简化标注[图 2-12(a)]。标注非 45°倒角的角度与宽度时,应分别绘出尺寸界线,并标注角度和宽度[图 2-12(b)]。

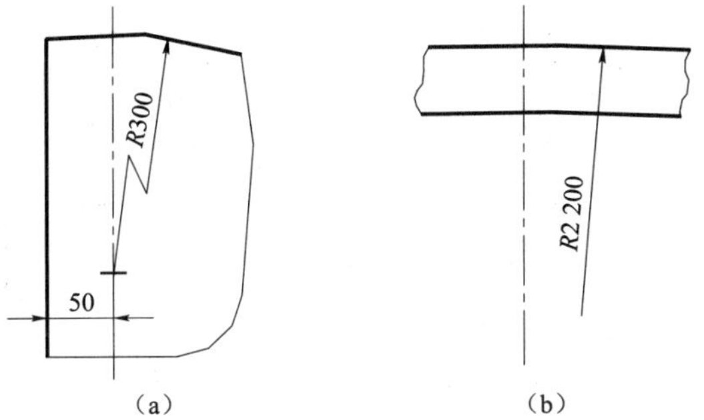

图 2-10　大圆半径尺寸标注方法

(a) 半径尺寸线画成折线；(b) 半径尺寸线画成直线

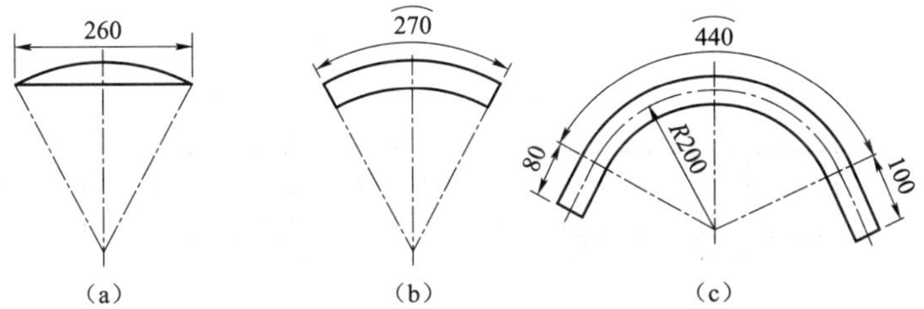

图 2-11　弦长和弧长的标注方法

(a) 弦长尺寸标注方法；(b) 弧长尺寸标注方法；(c) 弧度较大的弧长尺寸标注方法

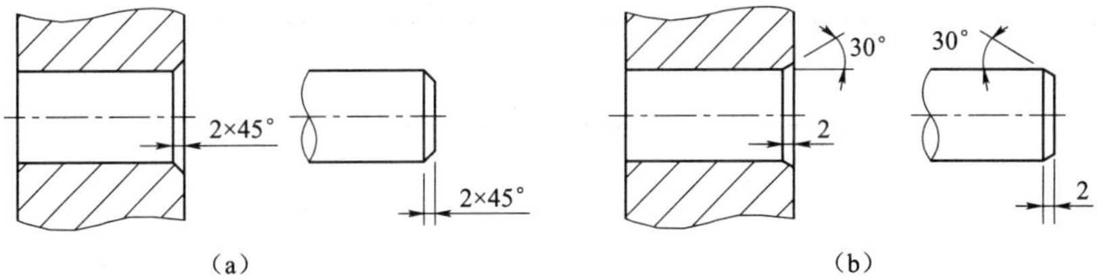

图 2-12　倒角标注方法

(a) 45°倒角；(b) 非 45°倒角

15. 标注角度时，尺寸线应绘成以角顶为圆心的圆弧，尺寸界线应沿径向引出。尺寸线终端用箭头表示，如位置不够时可用圆点表示。角度数值应水平标注(图 2-13)。

16. 图形按对称省略绘出时，尺寸线应略超过中心线并仅在一端绘出终端符号，但应标注整体尺寸并与中心线对正(图 2-14)。

17. 未完全绘出的正方形，可用边长相乘的格式标注其尺寸[图 2-15(a)]。也可采用在数值前加注符号“□”的格式标注[图 2-15(b)]。

18. 等距或均匀分布结构间的相对尺寸可采用间距数目与间距尺寸数值相乘的方式标注(图 2-16)。

19. 相同孔径可采用孔数与孔径相连的方式标注(图 2-17)。

20. 尺寸不同而有重复出现的孔径，可按尺寸用大写拉丁字母分类，并采用孔数与孔径相连的方式标注(图 2-18)。

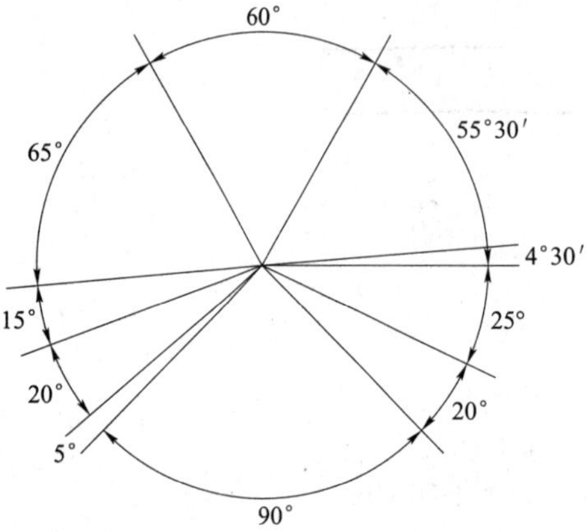

图 2-13　角度标注方法

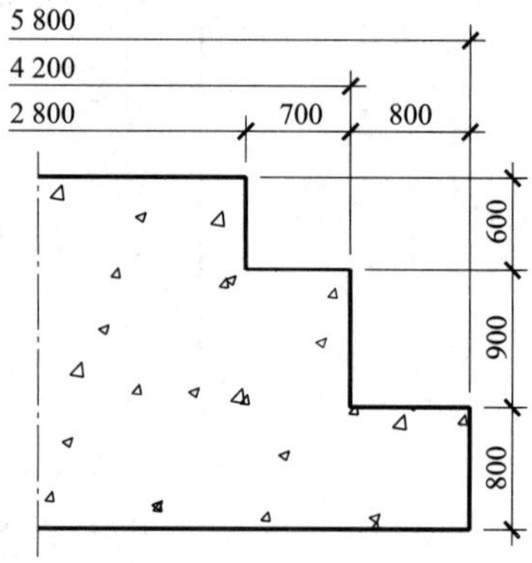

图 2-14　对称图形尺寸简化标注方法

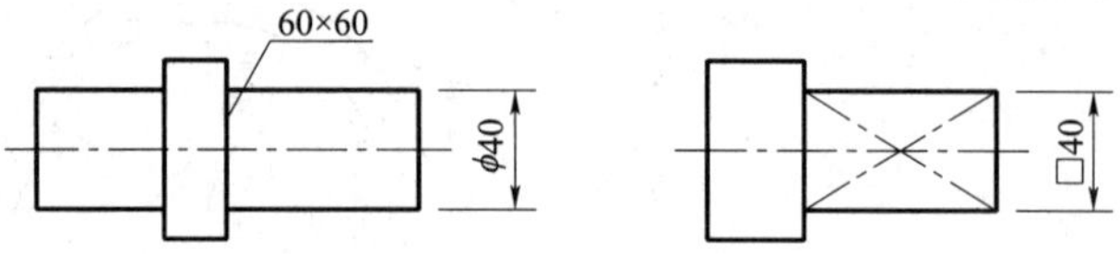

(a)　　(b)

图 2-15　正方形尺寸简化标注方法

(a) 边长相乘标注正方形；(b) 符号标注正方形

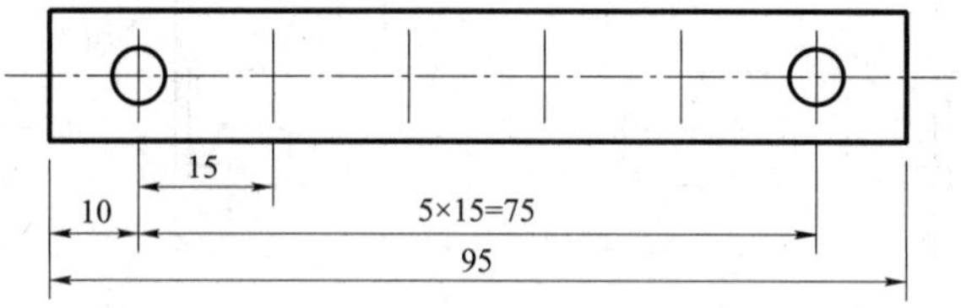

图 2-16　构件等距尺寸简化标注方法

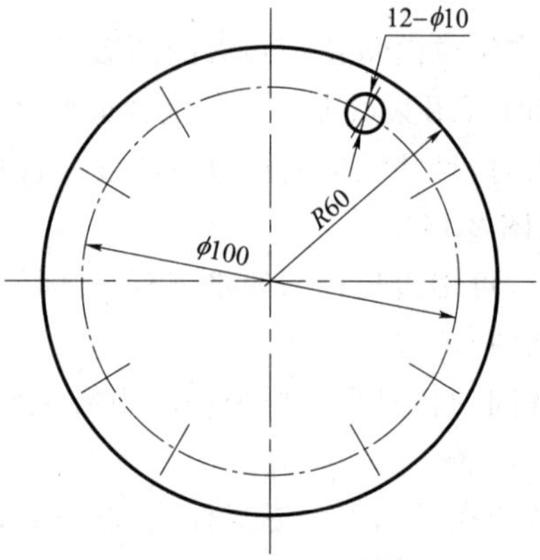

图 2-17　相同孔径尺寸标注方法

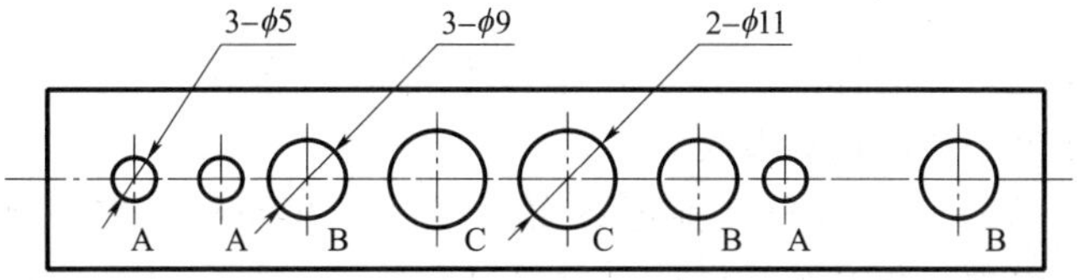

图 2-18　重复出现的孔径尺寸标注方法

21. 标注薄壁、壳体、板件的厚度时，应在数值前加注表 2-6 中所列的符号。

表 2-6　厚度符号及其用途

符　号	用　途
δ或—	金属板、垫圈
	薄壁塑料板件
	各种材料的壳体
	金属管壁
b	法兰盘、角钢肢宽、工字钢翼宽
d	角钢肢厚、槽钢、工字钢腹板厚

22. 无缝钢管或有色金属管线的管径，应采用“外径×壁厚”标注，如 ϕ108×4，其中 ϕ 允许省略；水、煤气输送钢管、铸铁管、塑料管等其他管线的管径，应采用公称通径“DN”标注（图 2-19）。

23. 轴测管线图中管长数值，可标注在该管段上方或左侧（图 2-20）。

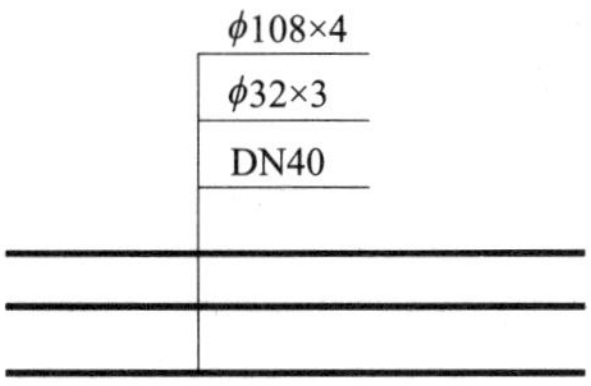

图 2-19　管径标注方法

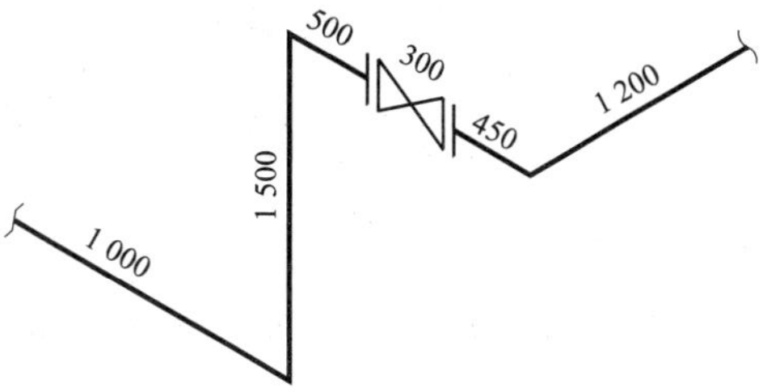

图 2-20　轴测图管道长度尺寸简化标注方法

（七）标高

1. 标高符号一般采用不涂黑的三角形表示[图 2-21(a)～(c)]。

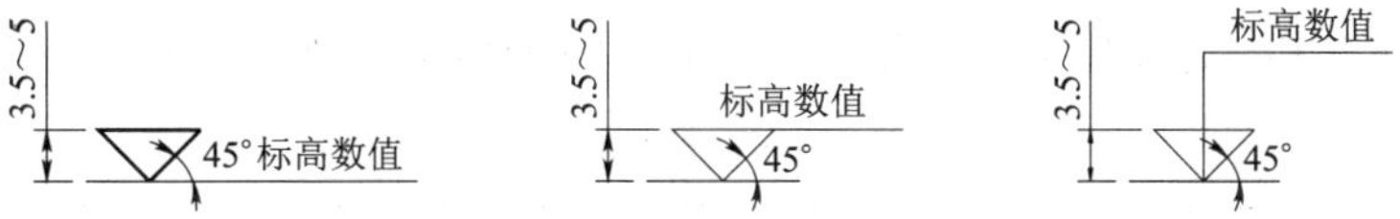

(a)　(b)　(c)

图 2-21　标高符号

(a) 三角形标高符号；(b) 三角形带水平引线标高符号；(c) 三角形带垂直水平引线标高符号

2. 标高的单位一律为 m。

3. 管路一般注管中心的标高。必要时,也可注管底的标高。

4. 标高一般注至小数点以后 2 位。

5. 零点标高注成±0.00,正标高前可不加正号“+”,但负标高前必须加注负号“-”。

6. 标高符号的尖端应指在被标注的高度或其引线上,尖端可向上或向下(图 2-22)。

7. 一个详图同时表示不同标高或稠密管线标高时,可采用一个标高符号表示,标高数值宜按大小自上而下标注(图 2-23)。

(a)　　(b)

图 2-22　标高符号尖端指向

(a) 标高符号尖端向上;(b) 标高符号尖端向下

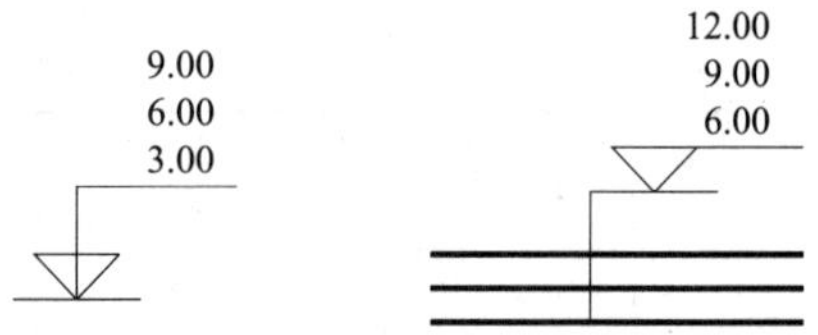

(a)　　(b)

图 2-23　同时标注几个标高的方法

(a) 不同标高的标注;(b) 稠密管线标高的标注

(八) 定位轴线

1. 定位轴线应采用细点画线绘制。

2. 定位轴线均应编号,并标注在线端的圆圈内。圆圈直径为 8~10 mm,并用细实线绘制,其圆心宜在定位轴线的延长线或延长线的折线上。

3. 同一建筑物的定位轴线标注和图样布置方位,工艺专业应与土建专业一致。

4. 一个详图适用于几根定位轴线时,应同时标注各有关定位轴线的编号(图 2-24)。

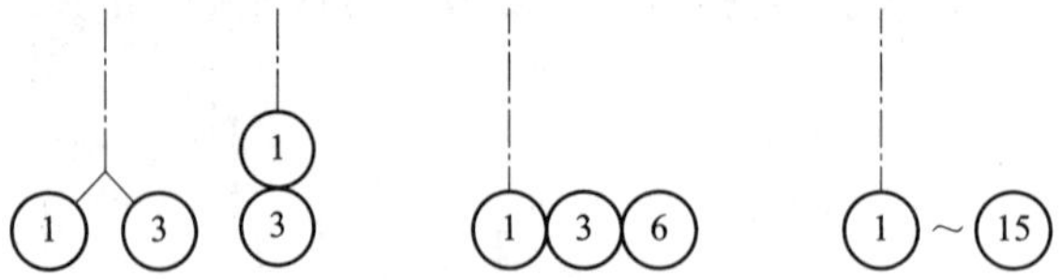

(a)　　(b)　　(c)

图 2-24　详图的轴线编号

(a) 用于两根轴线时;(b) 用于三根或以上轴线时;(c) 用于三根以上连续编号的轴线时

(九) 编号

1. 编号应包括编号符号和编号序号两部分。

2. 图样上的设备、零部件、支吊架和真空管道连接节点等,应分别采用不同标志的编号符号标注。编号序号应顺序编制,并应与各明细表中的序号相对应。编号序号字体宜比所注尺寸数字高度大 1 号。

3. 设备、零部件、支吊架和真空管道连接节点的编号符号应符合表 2-7 的规定。

表 2-7　编号符号

编号名称	符　　号	说　　明
设备、零部件	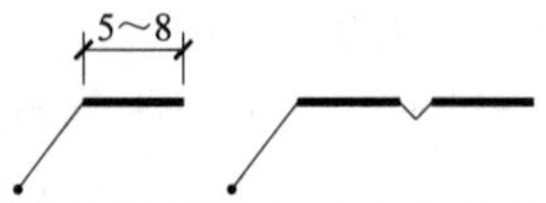	用于工艺系统流程图、厂房布置图、管道安装图、管道轴测图、零部件图

续表

编号名称	符　　号	说　　明
支吊架	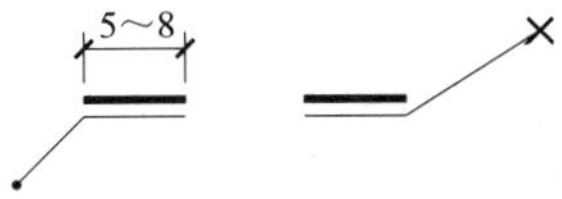	用于管道安装图、管道轴测图
真空管道连接节点	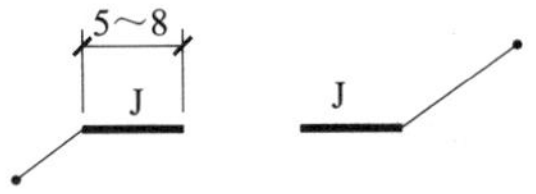	在编号序号前加大写拉丁字母“J”表示，用于管道安装图、管道轴测图

编号符号的引出线用细实线绘制，编号符号中的粗实线宽度一般为0.35 mm或0.5 mm。引出线应自标注件的可见轮廓线内引出，端部宜加黑圆点。

设备图形较大时，编号符号宜直接标注在设备图形内，引出线可省略。

4. 各图中的编号应有一定的顺序和规律。管道安装图中可按管道管径大小的顺序编制；对阀门、管件等可按公称通径顺序编制；规格和型号相同的阀门可共用一个编号序号；对装配关系密切的法兰组件可共用一个编号序号，但不宜将不同型式和规格的法兰组件中的螺栓、螺母和垫片归类。

5. 装配关系密切的零部件可共用一条引出线，并顺序标注各零部件序号(图2-25)。

6. 管道安装图中的支吊架应逐件编号。当结构规格和布置尺寸相同时，可共用一个编号和序号(图2-26)。

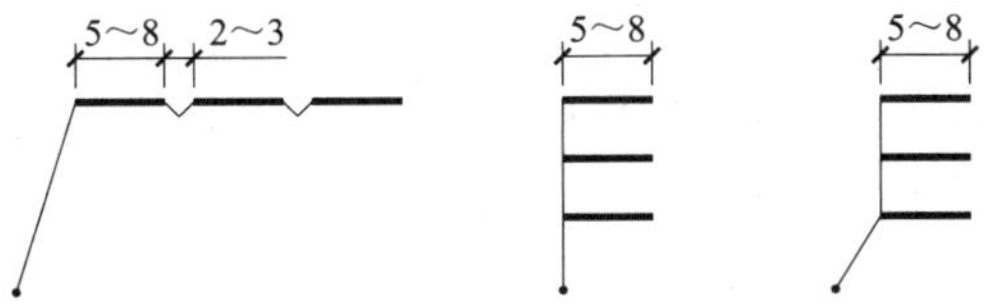

图2-25　共用引出线画法

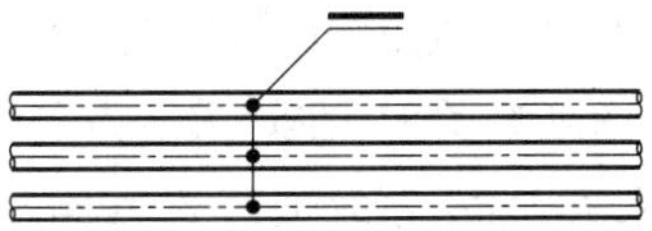

图2-26　组合支吊架标注方法

二、基本图形的画法

(一) 工艺系统流程图画法

1. 工艺系统流程图应表示出设备及其连接管道等组成的工艺流程。图中标题栏上方的标注应包括下列内容：

(1) 设备明细表内容包括：设备名称、规格及型号、图号或代号、数量等。设备较少的系统宜在设备图形处以引出线的方式标注。

(2) 图形符号表 内容包括：该系统图中采用的管道、管件和阀门的图形符号和名称。

2. 系统流程图的图面布置宜使各设备之间的相对位置与厂房内设备的平面布置一致，管道的连接方式与实际布置相符。

3. 工艺系统流程图不按比例绘制，一般设备图例只取相对比例。允许实际尺寸过大的设备比例适当缩小，实际尺寸过小的设备比例可适当放大。

4. 当一个流程中包括有两个或两个以上相同的系统时，至少应详细绘出一个系统的流程图，其余系统可用细双点画线的方框表示，并在框内注明系统名称及其编号，但必须绘出全部系统的连接关系以及相关的公用关系。当这个流程比较复杂时，可以绘制一张单独的局部系统流程图，在总流程图中，局部系统采用细双点画线方框表示，框内注明系统名称、编号和局部系统流程图编号。

5. 系统流程图中的管道应与图纸标题栏的长边或短边方向相平行；转折处应绘制成直角。管道不宜穿越设备图形，并宜减少交叉。

6. 系统流程图中交叉的管道图线可直接交叉通过[图 2-27(a)]；管道相接且相接处为四通时，交叉处应加黑圆点[图 2-27(b)]；管道相接且相接处为三通时，交点处不应加黑圆点，也不宜作任何特殊标记[图 2-27(c)]。

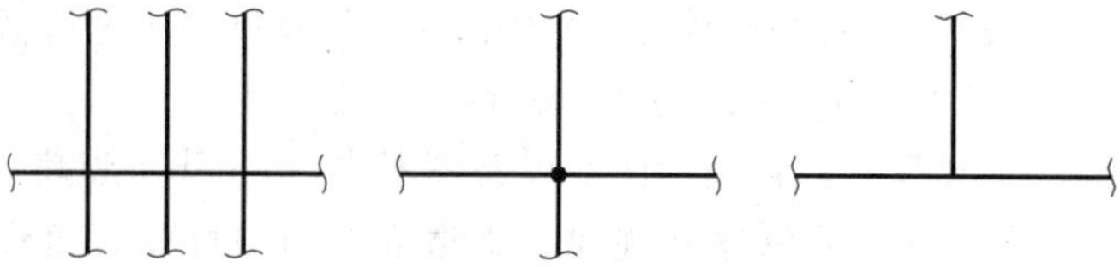

(a)　　(b)　　(c)

图 2-27　管道交叉和相交画法

(a) 管道交叉；(b) 管道相接处为四通；(c) 管道相接处为三通

7. 系统流程图上应绘出和标注全部工艺管道以及与工艺有关的辅助管道，绘出和标注上述管道上的阀门、管件和管道附件(不包括管道之间的连接件，如弯头、三通、法兰等)，但为安装和检修等原因所加的法兰、螺纹连接件等仍需绘出和标注。流程相同的装置可以只标注其中一套装置上的阀门、管件、管道附件。

8. 介质流向单一的管道要以箭头表示其介质流向(箭头画在管线上)。图上的管道与其他图纸有关时，在管道端点外或管道上用箭头标出介质方向(入或出)，注明管道代号、管径、来去设备、系统或装置名称及其所在的系统流程图编号。

9. 管线的伴热管要全部绘出，夹套管可在两端只画出一小段，其他隔热管道要在适当部位绘出隔热图例。

10. 有分支管道时，图上总管及分支管位置要准确，而且要与管道布置图相一致。

(二) 设备布置图画法

1. 布置图应按比例采用平面图和剖面图表示出各种设备、建筑物等的相互位置关系。剖视符号一般用 $A—A$、$B—B$、……大写英文字母表示。

2. 布置图中的设备应按未剖切时的投影绘制，采用中实线和中虚线绘出可见和不可见部分的外形。

3. 布置图中应按土建专业图纸用细实线绘出建(构)筑物的结构外形，图中可不绘出被遮挡的门窗和楼梯；应绘出厂房设置的控制室、值班室、配电间等专用房间和设施，标注相应的名称。

4. 多层建筑物或构筑物，应依次分层绘制各层的设备布置平面图，并在图形下方注明“▽×. ××m 层平面”等。

5. 一般情况下，每一层只画一个平面图，当有局部平台时，在该平面图上可以只画平台下的设备，局部平台及其上面的设备另画局部平面图。如不影响图面清晰，也可重叠绘制，将平台下的设备画成虚线，或将平台局部剖切，露出平台下的设备。

6．布置图中应标注轴线号及轴线间尺寸，并标注室内地面标高、主要楼层标高、屋架下弦标高、吊车轨顶标高，以及平台、通廊的尺寸和标高，还宜标注沟道的宽度和坡度等。设备的平面定位尺寸尽量以建筑物的轴线、柱中心线为基准进行标注。

7．布置图中的检修起重设备应编号列入设备明细表。起重设备在平面图上采用细双点画线绘出设备占据宽度，必要时标注吊钩极限位置和尺寸，以及起重设备最高点标高。平面图上采用中粗点画线绘出轨道位置。

8．在布置图标题栏的上方应列出设备明细表。布置图中不应列图形符号表，图中常用的图形符号应符合表 2-8 的规定。

表 2-8　布置图常用图形符号

名称	图形符号	说　明
孔洞		在左上角用细实线画出阴影，并涂色
坑槽		在左上角用细实线画出阴影，阴影内不涂色
花纹钢板 平台或盖板	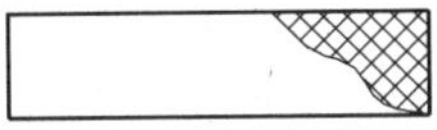	在平台或盖板的局部用细实线绘出
平台及 栏杆	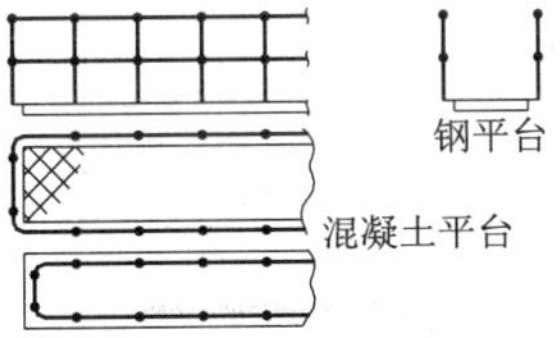	a）栏杆只在必要时绘出 b）栏杆用中实线绘制，其交点处加黑圆点 c）钢平台的栏杆画在平台外，混凝土平台的栏杆画在平台内 d）转角交点不应立柱 e）立柱间距应为 0.8～1.2 m
梯子及 栏杆	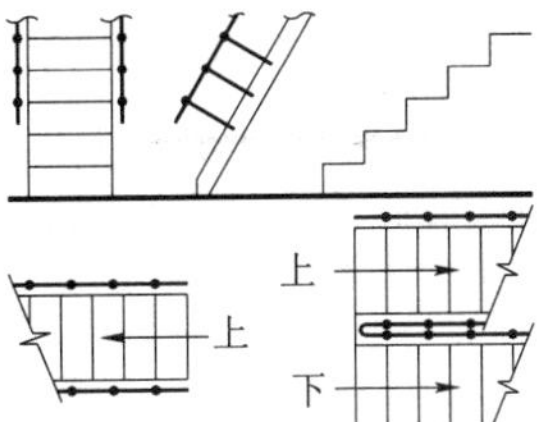	a）栏杆只在必要时绘出 b）栏杆用中实线绘制，其交点处加黑圆点 c）钢梯的栏杆画在梯外（见本图），混凝土梯的栏杆画在梯内 d）梯级步数和梯级间距按实际情况绘制或均匀画出（梯级高度：斜梯约 0.2 m，爬梯约 0.2～0.3 m；梯级宽度约 0.3 m） e）箭头方向均由本层指向所去方向，并应在起始端标注“上”或“下”

（三）管道布置图画法

1．管道布置图中应绘出管道以及与其相关的设备、阀门、管件、支吊架等的布置位置和详细尺寸。管道布置图中的建筑物和构筑物应根据土建专业图纸按比例用细实线绘制，并标注相关尺寸和标高；管道布置图中应按比例用细实线画出设备的简略外形和基础，并按设备布置图标注设备定位尺寸。

2．在管道布置图标题栏上方，应列出设备材料一览表、支吊架一览表和连接节点一览表。

3．管道布置图宜采用双线或单线三面视图绘制。用双线或单线表示的管道布置图，应以平面图为主视图，辅以左视图或正视图。当仍表示不清楚时，还应绘出局部视图。

4．管道布置图中的管道只表示其中一段或中间一段不表示时，可采用波浪线断开（图 2-28），断开的两端应绘制成双对应的波浪线。

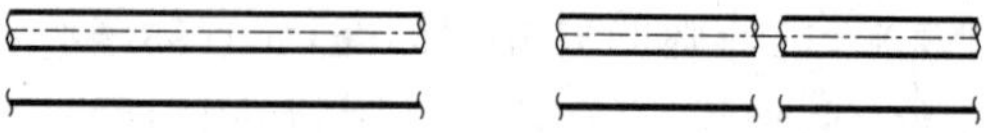

(a)　　　　　　(b)

图 2-28　管道断开画法

(a) 表示其中一段管道；(b) 中间一段管道不表示

5. 弯管或弯头的画法应符合表 2-9 的规定。

表 2-9　弯管或弯头画法

种类 \ 视图 \ 线型 \ 连接方式		对焊		法兰	
		单线图	双线图	单线图	双线图
45°热压弯头	正视图		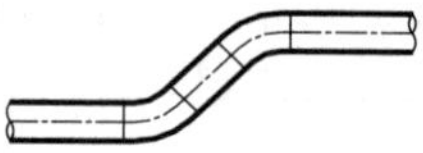		
	俯视图	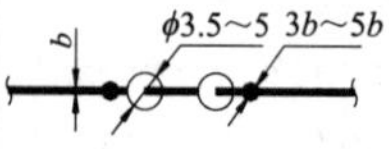			
90°热压弯头	正视图	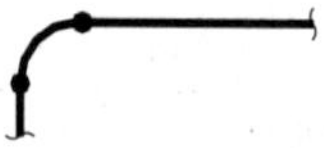	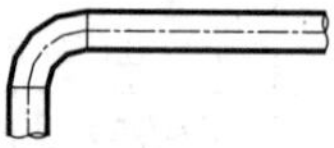	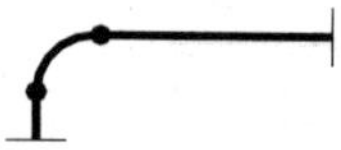	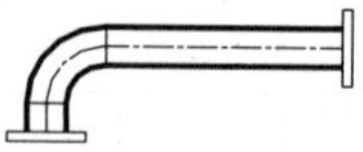
	俯视图		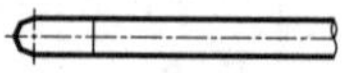		
90°焊制弯头	正视图	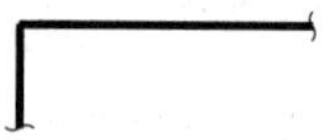	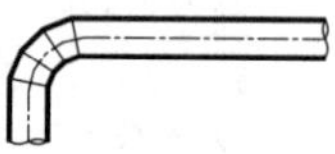		
	俯视图				
90°弯管	正视图	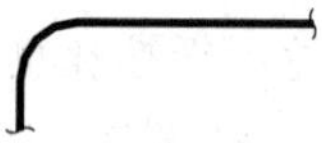	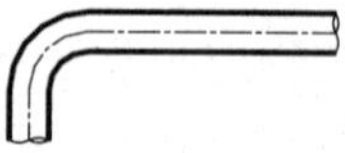	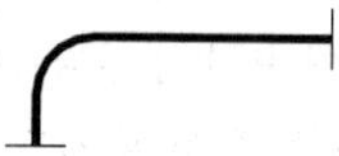	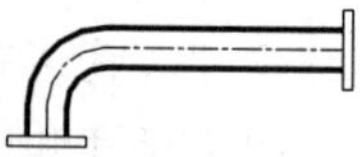
	俯视图				

6. 管道交叉的画法应符合下列规定：

(1) 管道交叉时应在交叉处断开后方管道(后方管道为双线画法，前方管道为单线画法时可不断开)，并留有 1～2 mm 的间隙，断端不应用折断线断开。后方被遮挡的管道为双线画法时，可不绘出虚线部分[图 2-29(a)]。

(2) 当需要完整地表示后方管道时，可将前方管道断开，断端应绘有折断线[图 2-29(b)]。

(3) 双线管道被遮挡或断开时，其管中心线宜连续绘出。

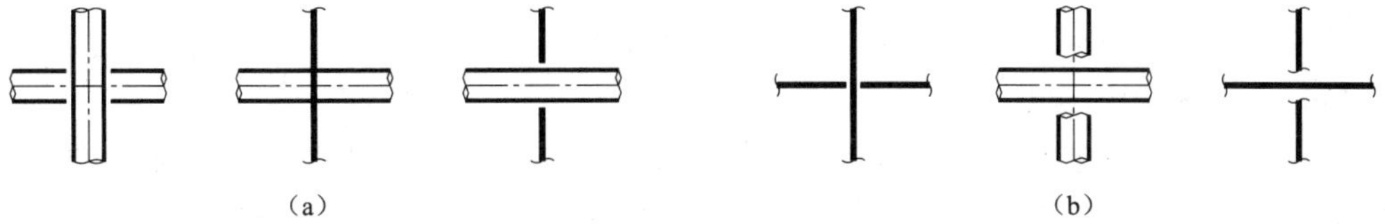

图 2-29　管道交叉画法

(a) 后方被遮挡部分不表示；(b) 完整地表示出后方被遮挡管道

7. 管道重叠时，被遮挡的管道、管件、阀门等可不绘出[图 2-30(a)]。在弯管或弯头弯曲处后方的管道应断开，并稍留有间隙，断端不应绘有折断线，且双线管道的管中心线宜连续绘出[图 2-30(b)]。当需要完整地表示后方的管道、管件和阀门时，可将前方的管道用折断线断开[图 2-30(c)]。

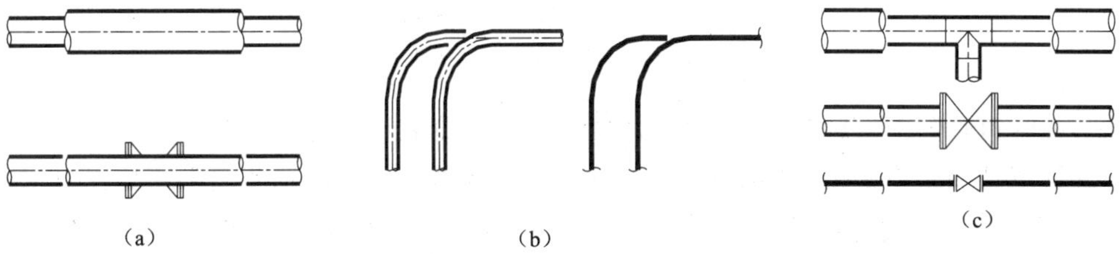

图 2-30　管道重叠画法

(a) 被遮挡的部分不表示；(b) 弯管或弯头的表示；(c) 被遮挡的部分完整表示

8. 双线管道上的等径或异径三通与管道相接处应绘出交接线[图 2-31(a)、(b)]；单线管道与三通相接的焊接处宜绘出黑圆点[图 2-31(c)]。

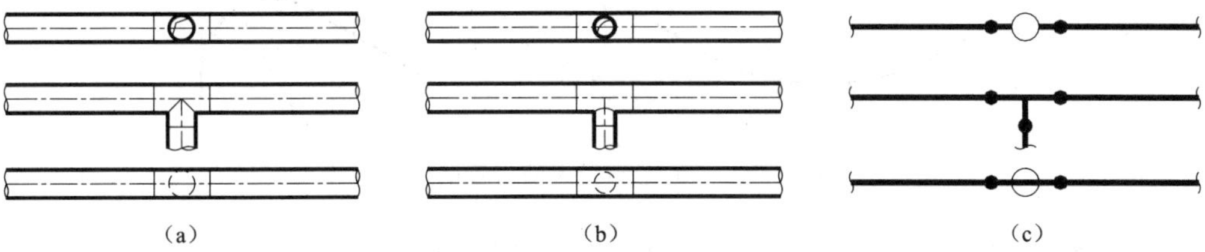

图 2-31　管道三通画法

(a) 双线管道等径三通；(b) 双线管道异径三通；(c) 单线管道三通

9. 管道上阀门、管件(包括弯头、三通、异径管等)的结构长度按实际尺寸画出，法兰厚度以表达清楚为原则可不按实际尺寸画出。

10. 在管道布置图上，可不标注管段的长度尺寸，但必须标注管道的管中心定位尺寸，阀门、管件可以以中心或一端的法兰面定位。法兰之间垫片的尺寸不标注；异径管或异径法兰应标出前后端管道的公称通径，如：DN80/50 或 DN80×50。

11. 非工作气体的管道最高点应设放空，最低点应设排液。对于液体管道的放空、排液应装阀门及螺纹管帽，而气体管道的排液也应装阀门及螺纹管帽，用于压力试验的放空管道仅装螺纹管帽。排液阀门通径一般不能小于下述尺寸：

(1) 公称通径 DN≤40 的管道，阀门通径为 DN15；

(2) 公称通径 DN≥50 的管道，阀门通径为 DN20；

(3) 公称通径 DN≥250 的管道，阀门通径为 DN25。

(四) 管道轴测图画法

1. 管道轴测图中应采用正等轴测图或斜二测图画法绘制。管道走向按方向标(图 2-32)的规定。该方向标宜在管道轴测图的左上方表示出来。

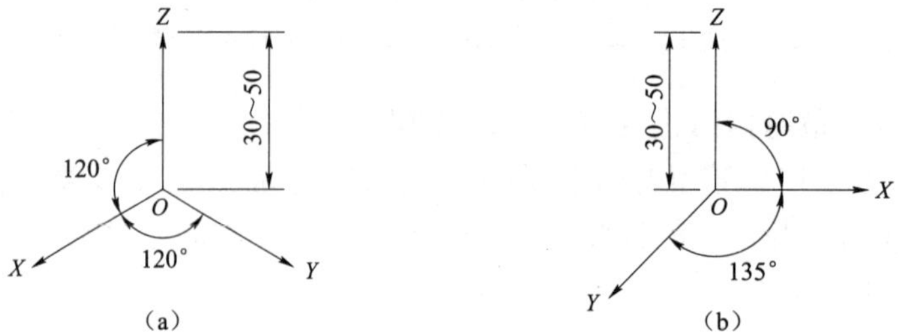

图 2-32　管道轴测图方向标画法

(a) 正等轴测图方向标；(b) 斜二测图方向标

2. 在管道轴测图标题栏上方，应列出连接节点一览表和装配管一览表。

3. 管道轴测图不必按比例绘制，管道一律用单线表示。管道轴测图上需标注真空管道连接节点号、法兰类型和标高等，当管道轴测图上标注了装配管号时，可不在图上标注管道尺寸，否则需在管道上标注管段尺寸。

4. 管道转折处不必绘成圆角，必要时，曲率半径大的弯管可按图 2-33 绘制，弯管所在平面内应用细实线画出间距相等的平行线。

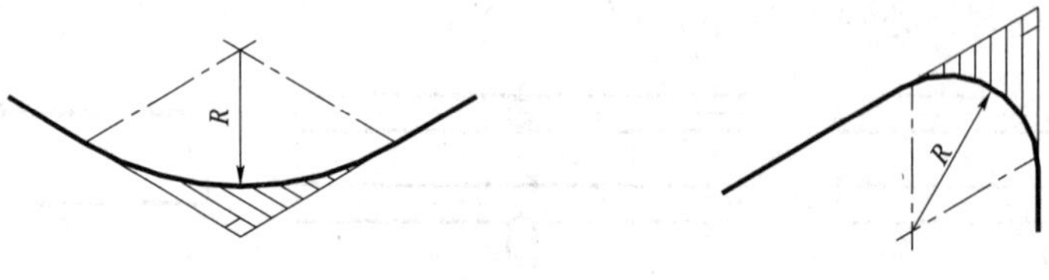

图 2-33　曲率半径大的弯管画法

5. 当管路或管段平行于直角坐标轴时，其轴测图用平行于对应的轴测轴的直线绘制。当管路或管段的所在平面平行于直角坐标平面的垂直面时，应同时画出其在水平面上的投影及投射平面，见图 2-34(a)；当管路或管段的所在平面平行于直角坐标平面的水平面时，应同时画出其在垂直面上的投影及投射平面，见图 2-34(b)；当管路或管段不平行于任何直角坐标平面时，应按图 2-34(c)绘制。用直角三角形表示投射平面时，应在投射平面内画出与其相关投影垂直且间距相等的平行线，水平投射平面内的平行线应平行于 X 轴或 Y 轴，其他投射平面内的平行线应平行于 Z 轴。管路或管段的投影、投射平面及投射平面内的平行线均用细实线绘制。

6. 管路或管段的投射平面也允许用长方形或长方体表示(图 2-35)。

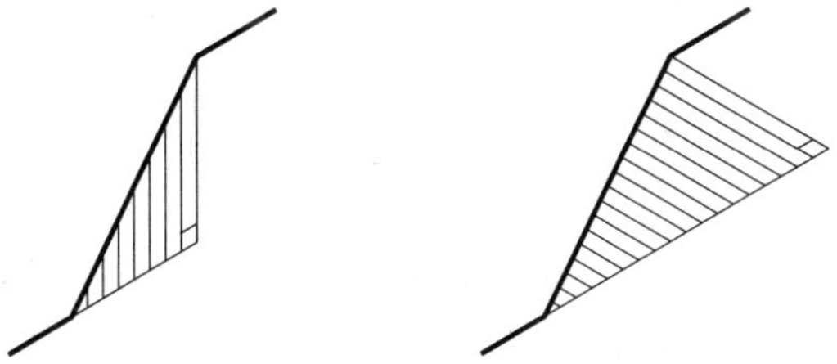

图 2-34　管路或管段的投射平面用直角三角形表示

(a) 平行于垂直面时；(b) 平行于水平面时；(c) 不平行于任何平面时

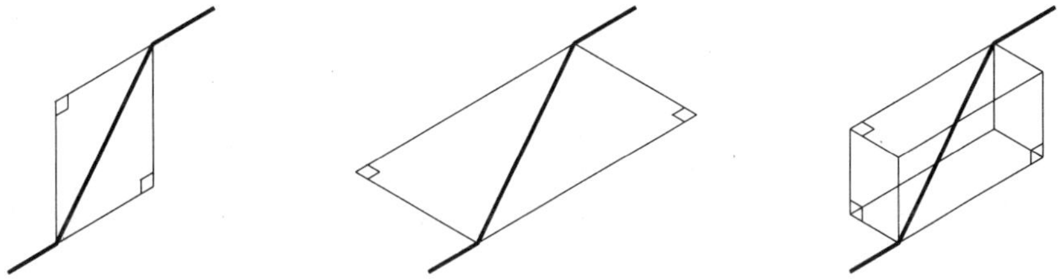

图 2-35　管路或管段的投射平面用长方形或长方体表示

(a) 平行于垂直面时；(b) 平行于水平面时；(c) 不平行于任何平面时

7. 管道轴测图上法兰连接图形符号的画法见图 2-36。在同一张图样上法兰连接图形符号的方向应一致。

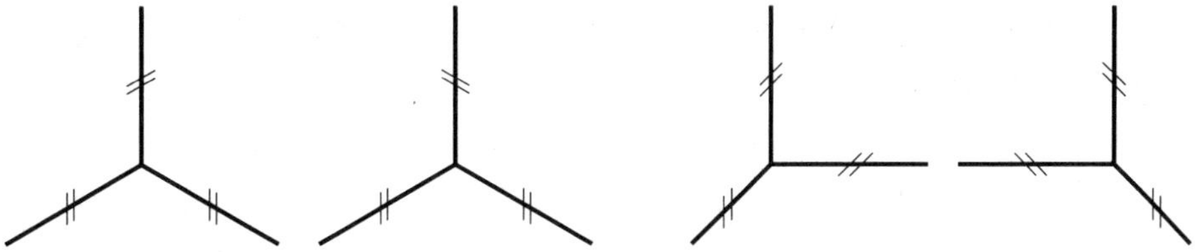

图 2-36　法兰连接图形符号的画法

8. 管道轴测图上阀门图形符号的画法见图 2-37。在同一张图样上阀门图形符号的方向应一致。

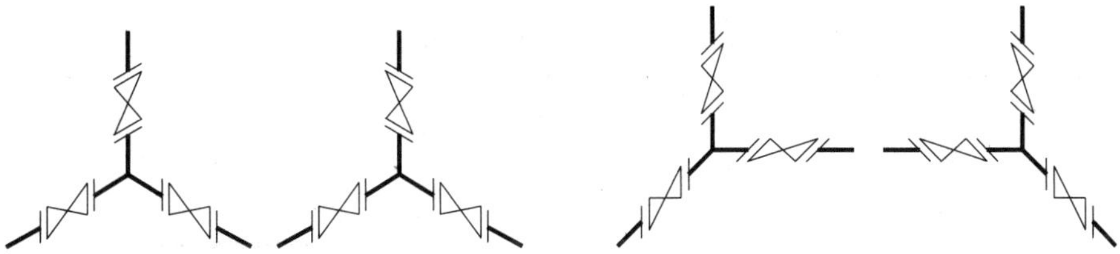

图 2-37　阀门图形符号的画法

(五) 组装图管道轴测图画法

1. 组装图分为管道支吊架、阀门传动装置、真空管道连接节点和梯子平台等组装图。

2. 组装图上宜列有材料明细表。当零部件不多时，也可不列表，而将零部件直接标注在引出线横线上方。为便于图纸复用，宜一个组件绘制一张图。图中应标注必要的焊接代号。

3. 管道支吊架组装图应表示出其管部、根部和连接件的组装关系，与土建结构的连接方式，并应符合以下规定：

(1) 图中的管道应以细双点画线绘出，管部、根部和连接件均应采用中实线绘制，吊架拉杆可简化采用粗实线绘制；

(2) 图中应标注管道规格、管道中心标高、生根面结构标高、管道支吊点和根部与土建梁柱间的位置尺寸。

4. 阀门传动装置组件图应表示出阀门与传动装置诸部件的连接方式，绘出传动装置手轮座的安装方式，并应符合以下规定：

(1) 图中传动部件、手轮座支架和紧固件应采用粗实线绘制，管道、阀门应采用细双点画线绘制；

(2) 应标注阀门、传动装置手轮座的定位尺寸和手轮座的安装尺寸。

5. 真空管道连接节点图应表示真空管道与真空管道、真空管道与真空阀门等不同类型的连接方式，并应符合以下规定：

(1) 图中用中实线绘出该节点的可拆卸零件，用细实线绘出联在装配管或装配件上的不可拆卸零件和阀门阀体，用细双点画线绘出管道；

(2) 材料明细表中应列出除管道和阀门外的所有零件。

6. 梯子平台组装图应表示其布置、制作和安装要求等。图中梯子、平台、栏杆、立柱和横杆的连接点画法应符合有关的规定。

(六) 加工制造图

1. 加工制造图可分为装配管图、部件图和零件图。

2. 装配管图和部件图上应列出材料明细表，标注零部件图号或标准代号；零件图可不列明细表，直接在零件图上标注材料。

3. 为便于图纸复用，宜一个装配管绘制一张图。装配管图一般只绘一个视图，当一个视图表示不清楚时，可绘制向视图或局部剖视图。装配管图中的管道宜用双线表示。双线表示的管道采用中实线绘制；单线表示的管道采用粗实线绘制，管件均采用细实线绘制。

4. 装配管图上应标注管件图号或标准代号，并标注装配管尺寸，该尺寸为装配管的安装尺寸，而非加工下料尺寸，尺寸中不考虑加工余量及安装余量等因素。

5. 对有安装定位要求的法兰应标注螺栓孔方位，其画法应符合表 2-10 的规定。

表 2-10 装配管上法兰螺栓孔的画法

管道表示方法 / 孔数	双　线	单　线
6	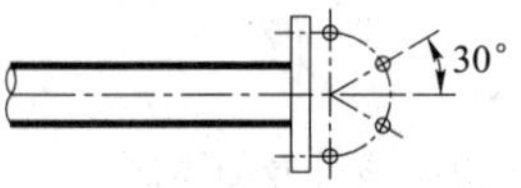	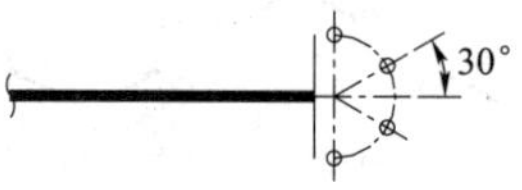
	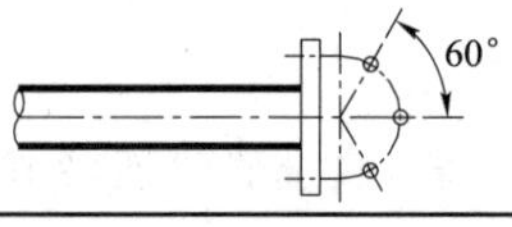	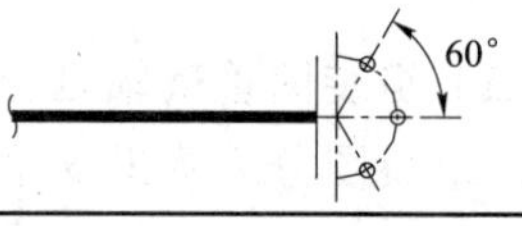

续表

管道表示方法 孔数	双　　线	单　　线
4	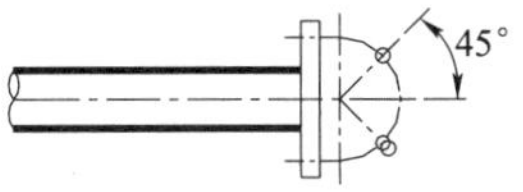	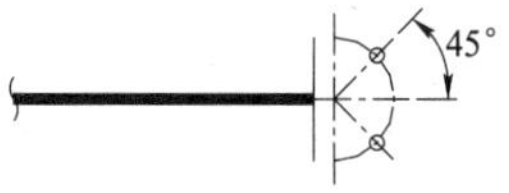
	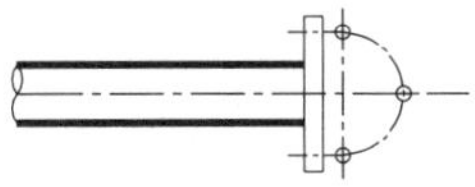	

6. 每件零件宜绘制一张零件图。外形简单和加工要求较低的零件，也可直接把零件图绘在部件图或总图上，并标注零件编号。

7. 零件图可不设材料表，直接在零件图上标注材料。

8. 零件图应按国家标准标注尺寸、公差和表面粗糙度等技术要求。部件图中，有配合要求的零件，还应标注公差和配合要求。

9. 形位公差符号的比例见图 2-38。

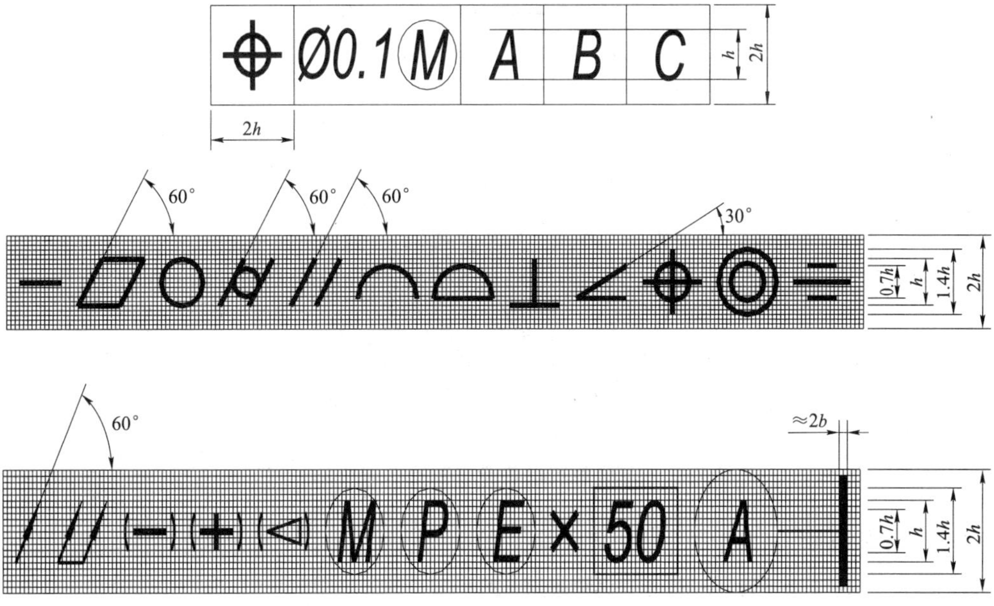

图 2-38　形位公差符号的比例

10. 表面粗糙度符号及加工纹理方向符号的比例见图 2-39，符号的尺寸见表 2-11。

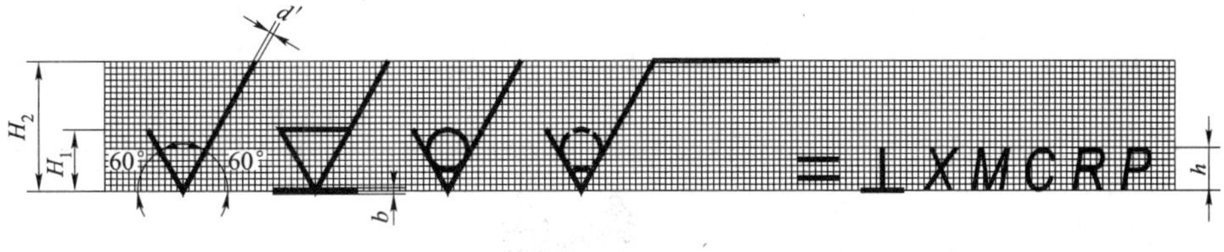

图 2-39　表面粗糙度符号及加工纹理方向符号的比例

表 2-11　表面粗糙度符号及加工纹理方向符号的尺寸　　mm

轮廓线的线宽 b	0.35	0.5	0.7	1	1.4	2	2.8
数字与字母的高度 h	2.5	3.5	5	7	10	14	20
符号的线宽 d' 数字与字母的笔画宽度 d	0.25	0.35	0.5	0.7	1	1.4	2
高度 H_1	3.5	5	7	10	14	20	28
高度 H_2	8	11	15	21	30	42	60

11. 表面粗糙度符号、代号一般注在可见轮廓线、尺寸界线、引出线或它们的延长线上。符号的尖端必须从材料外指向表面，表面粗糙度代号中数字及符号的方向必须按图 2-40 的规定标注。

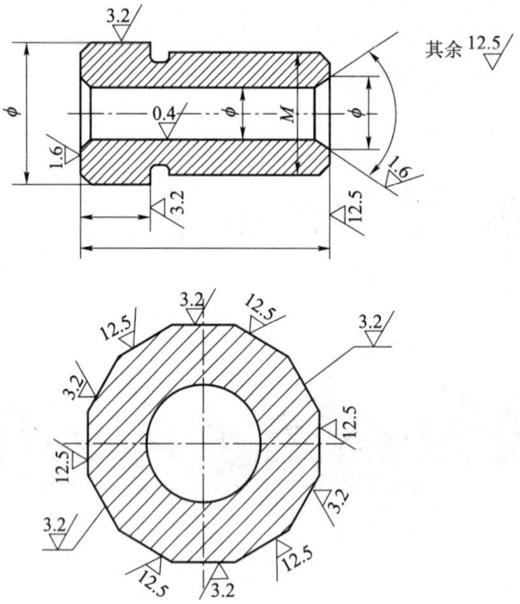

图 2-40　表面粗糙度代号中数字及符号的方向

(七) 图形符号

1. 工艺系统流程图设备图形符号(表 2-12)

表 2-12　工艺系统设备图形符号

名　　称	图形符号	说　　明
补压机	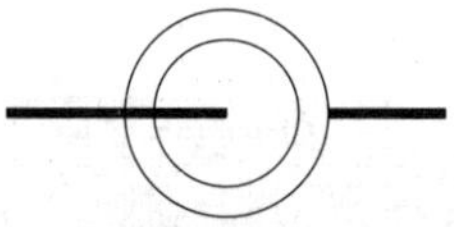	
压力调节器		

续表

名 称	图形符号	说 明
流量调节器	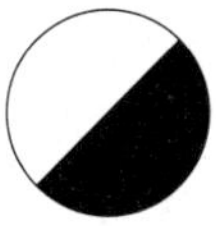	
压缩空气压力调节器	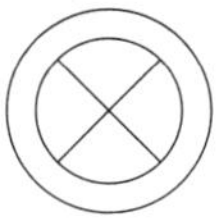	
过滤器		
卸料罐 缓冲罐 零位罐 立式		
卸料罐 缓冲罐 零位罐 卧式		
油捕集器	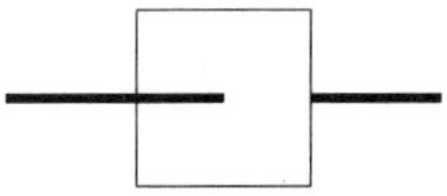	
吸附塔	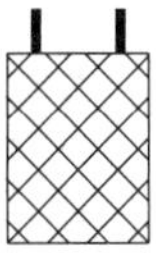	
冷阱	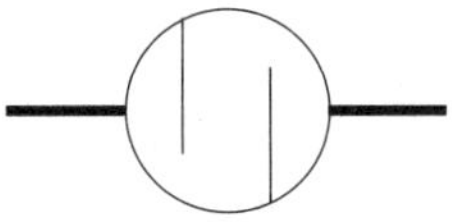	
机械真空泵	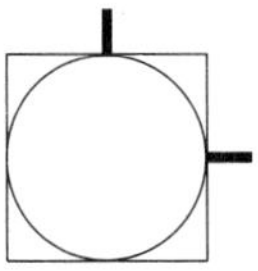	
喷射泵	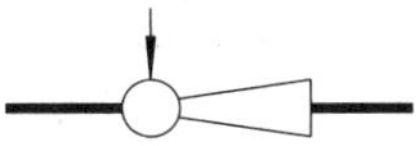	
油扩散泵	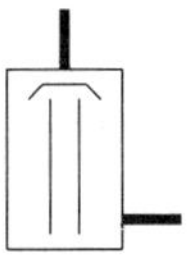	

续表

名　　称	图形符号	说　　明
罗茨真空泵	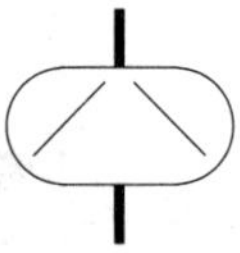	
罗茨真空泵机组	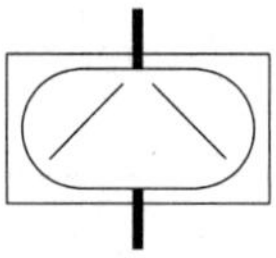	
容器(中间容器、凝冻器)		
容器(立式取料容器)	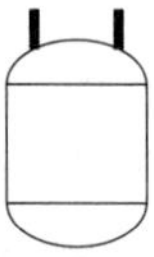	
容器(卧式取料容器)	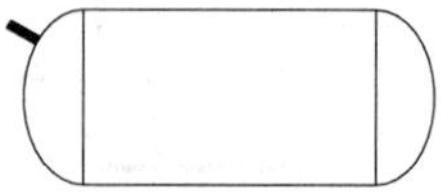	
迪瓦瓶		
感应加热器		
压热罐	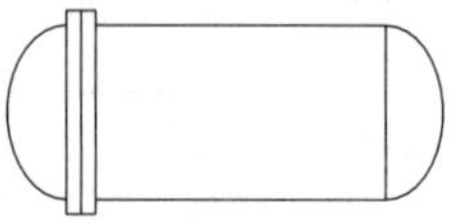	
热交换器	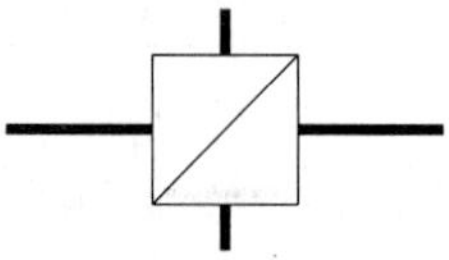	
水泵	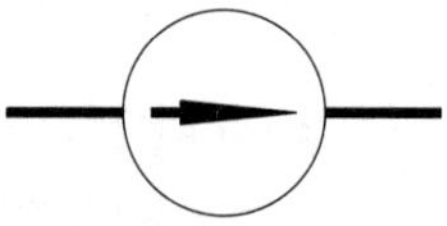	

2. 工艺系统流程图管道、阀门和管件图形符号(表 2-13)

表 2-13　工艺系统管道、阀门和管件图形符号

名　　称		图形符号	说　　明
主工艺管道			介质类别和性质用代号注在管路符号的上方处表示,并在图样上加注图例说明
辅助工艺管道			仪表引压管、零位线、压缩空气线等
挠性管、软管			
保温管			在被保温管路的全部或局部上用该符号表示或省去符号仅用文字说明
蒸汽伴热管			
电伴加热管			
截止阀、真空阀			
闸阀			
节流阀			
球阀			
碟阀			
隔膜阀			
旋塞阀		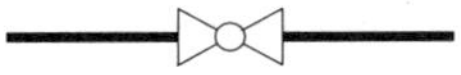	
止回阀			流向由空白三角形至非空白三角形
安全阀	弹簧式	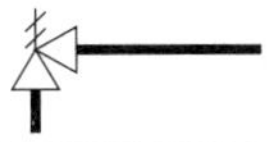	
	重锤式	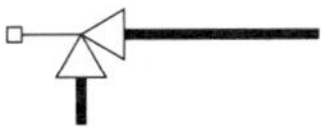	
减压阀			小三角形一端为高压端
疏水阀		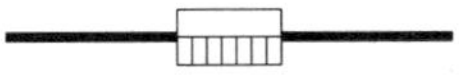	
角阀		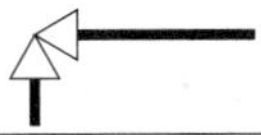	
气动调节阀			
容器阀(或设备阀)			
Φ3 阀			
三通仪表阀			

续表

名　　称	图形符号	说　　明
调节器旁通阀		
电动阀		
电磁阀		
异径管	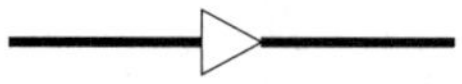	
流量孔板		
法兰盖		
快联接头		
堵头		

3. 管道布置图单线管道和管件图形符号(表 2-14)

表 2-14　管道布置图单线管道和管件图形符号

名　　称	图形符号	说　　明
螺纹连接管路		必要时可用文字说明,省略符号绘制
法兰连接管路		
焊接连接管路		焊点符号的直径约为所连接管路符号的 3～5 倍,必要时可省略
螺母连接管路		必要时可用文字说明,省略符号绘制
承插连接管路		必要时可用文字说明,省略符号绘制
阀门与管路螺纹连接		
阀门与管路法兰连接		
阀门与管路焊接连接		
固定支架		
导向支架		
支吊架		通用表示方法

续表

名　　称	图形符号	说　　明
同心异径管		
偏心异径管		
金属软管		
流量孔板	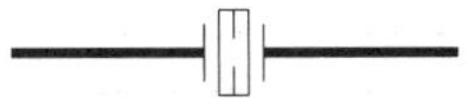	
补偿器		焊点处可与管道或法兰连接
法兰盖		
快联接头		
堵头		堵头螺纹为外螺纹
螺母堵头		螺母螺纹为内螺纹

4. 管道布置图双线管道和管件图形符号(表 2-15)

表 2-15　管道布置图双线管道和管件图形符号

名　　称	图形符号	说　　明
焊接连接管路	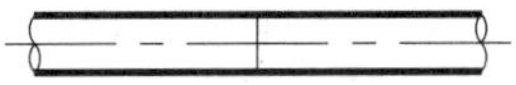	
法兰连接管路	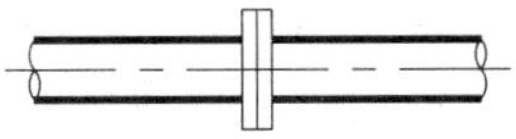	
阀门与管路法兰连接	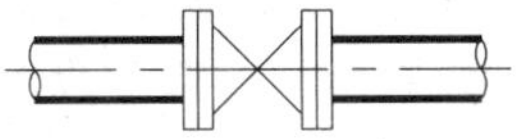	
阀门与管路焊接连接		
固定支架		
支吊架		通用表示方法
同心异径管		
偏心异径管		

续表

名　　称	图形符号	说　　明
金属软管		
流量孔板	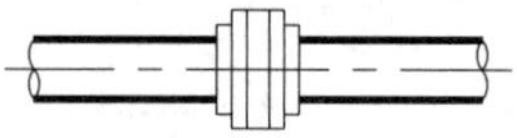	
补偿器	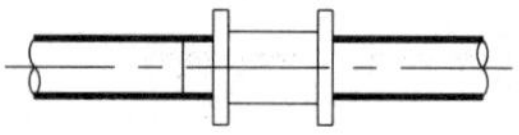	焊点处可与管道或法兰连接
法兰盖	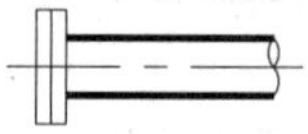	
快联接头	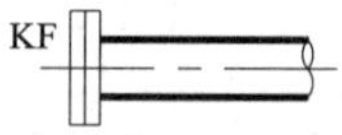	

第二节　计算机基础知识

一、计算机的发展简史

计算机的诞生酝酿了很长一段时间。1946 年 2 月，第一台电子计算机 ENIAC 在美国加州问世，ENIAC 用了 18 000 个电子管和 86 000 个其他电子元件，有两个教室那么大，运算速度却只有每秒 300 次各种运算或 5 000 次加法，耗资 100 万美元以上。尽管 ENIAC 有许多不足之处，但它毕竟是计算机的始祖，揭开了计算机时代的序幕。

计算机的发展到目前为止共经历了四个时代，从 1946 年到 1959 年这段时期我们称之为"电子管计算机时代"。第一代计算机的内部元件使用的是电子管。由于一部计算机需要几千个电子管，每个电子管都会散发大量的热量，因此，如何散热是一个令人头痛的问题。电子管的寿命最长只有 3 000 小时，计算机运行时常常发生由于电子管被烧坏而使计算机死机的现象。第一代计算机主要用于科学研究和工程计算。

从 1960 年到 1964 年，由于在计算机中采用了比电子管更先进的晶体管，所以我们将这段时期称为"晶体管计算机时代"。晶体管比电子管小得多，不需要暖机时间，消耗能量较少，处理更迅速、更可靠。第二代计算机的程序语言从机器语言发展到汇编语言。接着，高级语言 FORTRAN 语言和 COBOL 语言相继开发出来并被广泛使用。这时，开始使用磁盘和磁带作为辅助存储器。第二代计算机的体积和价格都下降了，使用的人也多起来了，计算机工业迅速发展。第二代计算机主要用于商业、大学教学和政府机关。

从 1965 年到 1970 年，集成电路被应用到计算机中来，因此这段时期被称为"中小规模集成电路计算机时代"。集成电路(Integrated Circuit)是做在晶片上的一个完整的电子电路，这个晶片比手指甲还小，却包含了几千个晶体管元件。第三代计算机的特点是体积更小、价格更低、可靠性更高、计算速度更快。第三代计算机的代表是 IBM 公司花了 50 亿美元开发的 IBM 360 系列。

从 1971 年到现在，被称之为“大规模集成电路计算机时代”。第四代计算机使用的元件依然是集成电路，不过，这种集成电路已经大大改善，它包含着几十万到上百万个晶体管，人们称之为大规模集成电路（Large Scale Integrated Circuit，LSI）和超大规模集成电路（Very Large Scale Integrated Circuit，VLSI）。1975 年，美国 IBM 公司推出了个人计算机（Personal Computer，PC），从此，人们对计算机不再陌生，计算机开始深入到人类生活的各个方面。

二、计算机的基本组成

计算机的主要组成部分可以归纳为以下五个部分：输入设备、存储器、运算器、控制器和输出设备。

（一）输入设备

输入设备是计算机的重要组成部分，输入设备与输出设备合称为外部设备，简称外设，输入设备的作用是将程序、原始数据、文字、字符、控制命令或现场采集的数据等信息输入到计算机。常见的输入设备有键盘、鼠标器、光电输入机、磁带机、磁盘机、光盘机等。

（二）存储器

存储器的功能是存储程序、数据和各种信号、命令等信息，并在需要时提供这些信息。

（三）运算器

运算器的功能是对数据进行各种算术运算和逻辑运算，即对数据进行加工处理。

（四）控制器

是整个计算机的中枢神经，其功能是对程序规定的控制信息进行解释，根据其要求进行控制，调度程序、数据、地址，协调计算机各部分工作及内存与外设的访问等。

（五）输出设备

输出设备与输入设备同样是计算机的重要组成部分，它把计算机的中间结果或最后结果、机内的各种数据符号及文字或各种控制信号等信息输出出来。微机常用的输出设备有显示终端 CRT、打印机、激光印字机、绘图仪及磁带、光盘机等。

三、计算机的分类

计算机可分为模拟计算机和数字计算机两大类。

模拟计算机的主要特点是：参与运算的数值由不间断的连续量表示，其运算过程是连续的，模拟计算机由于受元器件质量影响，其计算精度较低，应用范围较窄，目前已很少生产。

数字计算机的主要特点是：参与运算的数值用断续的数字量表示，其运算过程按数字位进行计算，数字计算机由于具有逻辑判断等功能，是以近似人类大脑的“思维”方式进行工作，所以又被称为“电脑”。

数字计算机按用途又可分为专用计算机和通用计算机。

专用与通用计算机在其效率、速度、配置、结构复杂程度、造价和适应性等方面是有区别的。

专用计算机针对某类问题能显示出最有效、最快速和最经济的特性，但它的适应性较差，不适于其他方面的应用。我们在导弹和火箭上使用的计算机很大部分就是专用计算机。这些东西就是再先进，你也不能用它来玩游戏。

通用计算机适应性很强,应用面很广,但其运行效率、速度和经济性依据不同的应用对象会受到不同程度的影响。

通用计算机按其规模、速度和功能等又可分为巨型机、大型机、中型机、小型机、微型机及单片机。这些类型之间的基本区别通常在于其体积大小、结构复杂程度、功率消耗、性能指标、数据存储容量、指令系统和设备、软件配置等的不同。

一般来说,巨型计算机的运算速度很高,可达每秒执行几亿条指令,数据存储容量很大,规模大,结构复杂,价格昂贵,主要用于大型科学计算。它也是衡量一国科学实力的重要标志之一。单片计算机则只由一片集成电路制成,其体积小,重量轻,结构十分简单,性能介于巨型机和单片机之间的就是大型机、中型机、小型机和微型机。它们的性能指标和结构规模则相应的依次递减。

四、电脑的常见硬件设备

一台电脑是由许许多多的零部件组成,只有这些零部件组合在一起协调地工作,才能称之为电脑。电脑发展到现在,其零部件都有了很大的变化,但其工作原理却没有变,其中包括主板、CPU、内存、硬盘、显卡、显示器、键盘,等等。下面将简单的介绍组成电脑的各个零部件。

(一) 主板

主板是整个电脑的基板,是 CPU、内存、显卡及各种扩展卡的载体。主板是否稳定关系着整个电脑是否稳定,主板的速度在一定程度上也制约着整机的速度。

(二) CPU

CPU 就是中央处理器,也就是负责运算和控制的控制中心,是电脑的关键部位,相当于人的大脑一样。

(三) 内存

内存是电脑的一个临时存储器,它只负责电脑数据的中转而不能永久保存。它的容量和处理速度直接决定了电脑数据传输的快慢,和 CPU、硬盘一起并称为电脑的三大件。

(四) 硬盘

硬盘是我们熟知的电脑配件之一,简单的说就是一个大容量存储器,与主机通讯速度很快,成为现代电脑不可缺少的配件。

(五) 显卡

显卡的作用就是提供对图像数据的快速处理,显卡也是电脑的重要组成部件之一,而且也是更新换代最快的一个部件,目前很多 3D 游戏对显卡的要求都很高,因此我们不得不掏钱重新买一块显卡来更新换代。

(六) 显示器

显示器,顾名思义就是电脑的一个显示设备,和电视原理差不多。一般来说,显示器的身价决定于它所采用的显象管,好的显象管可以提供更好的视觉效果,寿命也更长。

(七) 键盘、鼠标

鼠标、键盘一直以来都不被许多人所重视,不过它们却是现代电脑不可缺少的输入设备,没有它们就相当于人没有手一样。

（八）其他设备

现代电脑除了上面所列举的七大类配件外，还有很多的相关配件，包括有网卡、声卡、MODEM、打印机、扫描仪、绘图仪、手写板等等很多东西，这里就不再一一列举。

五、电脑的软件组成

如果一台电脑只有硬件的话，那么它只能说具有一副骨架而已，只有装上了软件过后，电脑才能被称之为真正的电脑。

（一）硬件驱动程序

光是有硬件，电脑并不能工作，必须要有能驱使硬件工作的软件才能让硬件工作，这种软件就是我们平常所说的驱动程序。

任何电脑硬件都必须要有驱动程序驱动才能工作，否则就一点用处没有。驱动程序是电脑软件中最基本的软件，也是保障电脑能顺利工作的基础。

从 Windows 98 以后的操作系统中，都收集了很多常见设备的驱动程序，不过有些设备必须单独装驱动。各种驱动程序之间极有可能产生不兼容的情况，如果这样，你最先考虑的就是换一个驱动程序试试。

（二）操作系统

操作系统是大家听得最多的一种软件，它为电脑中其他应用程序提供了一个操作平台，就好像我们吃饭的桌子一样为我们提供了一个可以操作的平台。

目前电脑中常见的操作系统有微软的 Windows XP、Windows 7、Windows 10 及 Linux 等。

（三）应用软件

应用软件就是我们日常用到的软件程序，这些程序可以帮助我们完成生活中的很多工作，也就是真正能体现电脑用途的东西。

电脑发展到现在，应用软件也涉及了社会的各个领域，几乎在能用电脑工作的地方，都能对应一种以上的应用软件。

六、常用软件

常用软件主要有三种类型。

（一）Demos：演示软件

商业发行的软件为了让用户先了解软件的功能而发布的一个版本，主要介绍软件可以实现的功能和软件的特性。如果用户喜欢这个软件，可以去购买正式版本。

（二）Shareware：共享软件

购买或注册前用户可以试用的一类软件。这类软件有版权，但是用户可以免费下载并使用。但是，在一定的试用时间后，用户必须注册或者购买这个软件以继续使用。

需要注意的是，共享软件多数不是永久免费的，开发者的目的还是希望用户最终购买他们的产品，所以共享软件往往被限制了使用时间，或者只提供了部分功能，不过与纯粹的免费软件相比，共享软件在安全方面要强得多。

（三）Freeware：免费软件

用户可以免费下载、使用，在同事和朋友之间传递。和共享软件不同的是，用户无须注册这个软件就可以使用其提供的所有功能。

七、计算机基本操作

(一) Windows 部分

1. 鼠标的用法

单击左键:选中(文件、文件夹或命令);

双击左键:打开(文件或文件夹);

单击右键:调出快捷命令菜单。

2. Windows 系统桌面

启动 Windows 系统后,呈现在我们面前的整个屏幕区域称为桌面。桌面上常用的图标有:我的电脑、我的文档、浏览器、网上邻居、回收站等。

3. 任务栏

任务栏是位于桌面最下方的灰色条,当我们打开程序、文档或窗口时,将在任务栏的中间区域出现相应的按钮,我们可以通过单击该按钮在已经打开的窗口间来回切换。

任务栏的自动隐藏:在任务栏的空白区点击鼠标右键,选择"属性",在出现的对话框中"自动隐藏"前点击鼠标左键使之选中,然后单击"确定"。

4. 我的电脑

双击该图标可以浏览本计算机上的资源,如 C、D 盘。

5. 我的文档

是 Windows 系统预先设置的一个文件夹,用于保存我们常用的文件。

6. 对窗口的操作

最大化:单击最大化按钮,使窗口放大到最大。

最小化:单击最小化按钮,使窗口收缩到任务栏。

还原:单击还原按钮,使窗口恢复原始状态。

关闭:单击关闭按钮,关闭当前窗口。

7. 新建文件夹

双击鼠标,打开"我的电脑",再双击打开 D 盘,在空白处单击右键,在菜单中用左键选择"新建文件夹"。

8. 重命名

用左键选中文件夹,鼠标不移动,单击右键(以上可以合并为直接在准备改名的文件夹或文件上单击右键),在菜单中选择"重命名"。

鼠标不要点击任何地方,用键盘输入新名称("Ctrl+Shift"切换输入法)。

9. 复制文件(文件夹)

选择要复制的文件(文件夹),在上面单击右键,在菜单中单击左键选择"复制"。

把窗口最小化,再打开自己的文件夹。

在空白区单击右键,在菜单中单击左键选择"粘贴"。

这样就可以把一个文件(文件夹)复制到我们自己的文件夹中,而原来的位置仍然存在该文件(文件夹)。

10. 移动文件(文件夹)

选择要复制的文件(文件夹),在上面单击右键,在菜单中用左键选择“剪切”。把窗口最小化,再打开自己的文件夹。在空白区单击右键,在菜单中用左键选择“粘贴”。这个操作把一个文件(文件夹)移动到我们的文件夹里,原来的位置不再有该文件(文件夹)。

11. 删除文件(文件夹)

逻辑删除:选择要删除的文件(文件夹),在上面单击右键,在菜单中用左键选择“删除”。删除后的文件(文件夹)可以在回收站里还原。

还原:打开回收站,选择要还原的文件(文件夹),在上面单击右键,在菜单中用左键选择“还原”。

彻底清除:打开回收站,选择要彻底清除的文件(文件夹),在上面单击右键,在菜单中用左键选择“删除”。这一步删除后该文件(文件夹)就不能再还原。

物理删除(彻底删除):选择要删除的文件(文件夹),在上面单击右键,在菜单中选择“删除”,在键盘上按下 Shift 键的同时单击“删除”。删除后的文件(文件夹)无法在回收站里还原。

12. 网上邻居

浏览网上资源:双击“网上邻居”图标,可以看到与本机相连的局域网中的其他计算机。选定其中之一双击左键打开,就可以浏览该计算机上的共享资源。

查看本机名称:在“网上邻居”图标上单击右键,在菜单中用左键选择“属性”。在出现的对话框中用左键选择“标识”,查看“计算机名”,即为自己计算机的名称。最后关闭对话框。

13. 共享文件(文件夹)

(1) 选择要共享的文件夹,在上面单击右键,选择“共享”。

(2) 在出现的对话框中选择“共享为”,可以用默认的名称,也可以重新输入名称。可以设定为只读或完全:

只读:其他用户只能对此文件夹进行读操作,而不能修改。可以设置“只读密码”,也可以不设。

完全:其他用户可以浏览该文件夹,也可以修改。(为了预防病毒,一定要设置密码。)

注意:

a. 密码需要输入相同的两次。

b. 文件夹能设置共享,但单独的文件不能共享!

c. 只能对自己电脑中的文件夹设置共享,而不能在“网上邻居”中对看到的文件夹实施共享操作。

(二) Word 部分

1. 启动进入

点击“开始/程序/Microsoft Word”;或双击桌面上的 Word 快捷方式。

选中“视图/工具栏”中的“常用”和“格式”两项。

2. 正文输入

先用鼠标单击一下,确定输入位置。

切换输入法选择汉字、英文(同时按下 Ctrl 和 Shift 键可以切换输入法)。

按下键盘左侧的 Caps Lock 键可以输入大写的字母。

标点的输入方法:注意中、英文标点的不同及复合键的用法。

注意:只有在一个段落结束时才需要按下回车键,不必在每一行结束时都按回车键。

3. 文档格式化

(1) 字体选择、字符大小设置、形状设置、颜色设置:先用鼠标把文字选中,然后点击“格式/字体”命令(或者用工具栏上的按钮)。

(2) 行距设置:选中文字,点击“格式/段落”,在“行距”下选择其一。

4. 文字的插入与编辑

插入:先用鼠标或键盘上的 4 个方向键确定要插入文字的位置,然后输入。

删除:用鼠标确定位置后,按 BackSpace 键可以删除光标前面的字符,按 Delete 键可以删除光标后面的字符。若要删除一段文字,可以先用鼠标选中该段文字,然后执行“编辑/清除”命令。

复制:先用鼠标选中要复制的文字,执行“编辑/复制”命令;再用鼠标点击确定要粘贴的位置,执行“编辑/粘贴”。

操作的撤消与恢复:编辑文档时,难免会出现错误的操作,如果不小心删除了某些文字,可以选用“撤消”与“恢复”命令。

撤消:执行“编辑/撤消”命令,可以撤消最近一次操作,并可依次往前撤消。

恢复:执行“编辑/恢复”命令,可以恢复最近一次撤消的操作,并可依次往后恢复。

5. 页面设置

“文件/页面设置”:设置页边距、纸型等。

“插入/页码”:插入页码。

6. 文档的保存

执行“文件/保存”或“文件/另存为”命令,在对话框的“保存位置”中找到自己的文件夹,在“文件名”后的文本框中输入文件的名称,然后单击“保存”按钮。

注意:如果是曾经保存过的文件,当再次选择“保存”命令时,现有的文件会覆盖以前的文件! 如果选择“另存为”命令,则可以重新命名保存,对以前的文件没有影响。

(三) Excel 部分

1. Excel 简介

Excel 是功能强大的电子表格处理软件,它与文本处理软件的差别在于它能够运算复杂的公式,并且有条理的显示结果。电子表格的特殊性在于其中的单元格之间有着密切的联系,当一个单元格内的数据发生变动时,就有可能直接影响到其他单元格内的数据,因此说,电子表格是一个动态表格。

近年来 Excel 已成为 Word 之外最常用的办公软件。

2. 启动 Excel

“开始/程序/Microsoft Excel”

3. 认识 Excel 界面

（1）工作簿

一个 Excel 文件（扩展名：XLS）就是一个工作簿。

Excel 工作簿是计算和储存数据的文件，每一个工作簿都可以包含多张工作表，因此可在单个文件中管理各种类型的相关信息。

每个工作簿最多能包含 255 张工作表。

默认情况下，新建工作簿中包含 3 张工作表。

用户可在“工具”·“选项”对话框的“常规”选项卡上，更改设定。

（2）工作表

工作簿中的每一张表格称为工作表。工作簿如同活页夹，工作表如同其中的一张张活页纸。

工作表是 Excel 存储和处理数据的最重要的部分，其中包含排列成行和列的单元格。它是工作簿的一部分，也称电子表格。使用工作表可以对数据进行组织和分析。可以同时在多张工作表上输入并编辑数据，并且可以对来自不同工作表的数据进行汇总计算。在创建图表之后，既可以将其置于源数据所在的工作表上，也可以放置在单独的图表工作表上。

（3）工作表标签

工作簿窗口左侧底部，用来表示工作表的名称（如 Sheet1，Sheet2）。底色为白色，工作表名下有下划线的工作表是活动（当前）工作表。单击某个标签，可以对相应的工作表进行编辑。

很多有关工作表的操作，可在工作表标签上进行。例如，改变活动工作表，以及工作表的改名、添加、删除、移动或复制等。

（4）单元格、活动单元格

行号：位于工作表左侧的灰色数字编号。

列标：位于工作表上方的灰色字母区。

单元格：行和列相交形成单元格，也即表格中的一个格子。每张工作表最多能包含 256 列、65 536 行。行以阿拉伯数字编号、列以英文字母编号（A、B……Z、AA、AB……IV）。

活动单元格是指当前正在编辑的单元格。每个工作表中只有一个单元格为（当前）活动单元格，它的框线为粗黑线。

（5）单元格内容

每个单元格中的内容主要为两大类：文本和数字（含时间、日期）。此外，还有逻辑值。

（6）表格区域

表格区域是指工作表中选定的矩形块。可以对它进行各种各样的编辑。如，拷贝、移动、删除等。引用一个区域可用它左上角单元格和右下角编号来表示，中间用冒号作分隔符。如 D1：G5。

4. 基本操作

（1）创建

创建 Xls 文档的方法与创建 Word 文档相似。创建一个空白工作簿：单击“文件”·“新建”，然后双击“常用”选项卡上“工作簿”图标（或者直接单击“常用”工作具栏的“新建”按钮）即可。

(2) 打开

打开 Excel 工作簿的途径很多。

方法 1:在 Excel 中,单击“文件”菜单下部的文件名。

方法 2:单击“打开”按钮;单击“文件”·“打开”等。

方法 3:双击文件名。

(四) 网络部分

1. Internet

Internet 是一个全球的、开放的计算机互联网络,也是一个用户自行管理的特殊网络。它可以为网络上的用户提供丰富的信息资源和各种网络服务。Internet 的基本功能有:发送邮件、发布新闻、远程登录、文件传输和信息检索等等。它目前已成为世界上规模最大、用户影响最广的国际互连网络系统。

2. IP 地址

IP 地址称作网络协议地址,是分配给主机的一个 32 位地址,由 4 个字节组成,分为动态 IP 地址和静态 IP 地址两种。动态 IP 地址指的是每次连线所取得的地址不同,而静态 IP 地址是指每次连线均为同样固定的地址。一般情况下,以电话拨号所取得的地址均为动态的,也就是每次所取得的地址不同。

3. Browser(浏览器)

浏览器是观看全球信息网上信息的必备工具。常见的有:Netscape Navigator、Internet Explorer 等。

4. Homepage(主页)

它的全称应该是 WWW 主页。它指的是 WWW 服务的起始装入信息页,是 WWW 用户(比如你)可以看见的第一信息界面,你连接到主页后,除了可以直接在主页了解到主页制作者的一般信息外,还可以在主页上移动鼠标,当鼠标的形状变成一只手的时候,单击鼠标的左键,就可以又进入到另外的一个画面再进一步地获取到更多的信息。也就是通过主页上定义的超级链接(hyperlink)访问网页。

5. hyperlink(超级链接)

Web 上的页是互相连接的,单击被称为超级链接的文本或图形就可以连接到其他页。超级链接是带下划线或边框,并内嵌了 Web 地址的文字和图形,通过单击超级链接,可以跳转到特定 Web 节点上的某一页。

6. BBS (Bulletin Board System)

电子公告栏,是一种交互性强,内容丰富而及时的 Internet 电子信息服务系统。用户在 BBS 站点上可以获得各种信息服务:下载软件、发布信息、进行讨论、聊天等。BBS 站点的日常维护由 BBS 站长负责。

7. E-mail

电子邮件 E-mail 是传统邮件的电子化,它的诱人之处在于速度快,而且可以进行一对多的邮件传递,同一邮件可以一次同时发给许多人。另外它并不需要通信双方同时在场。

8. Download(下载)

通过网络从其他计算机中拷贝软件到自己计算机的过程,是一种获取软件、图片等最便捷的途径。

9. Upload(上传)

将自己计算机中的文件拷贝到网络中其他计算机的过程。

10. Server(服务器)

一台功能强大的计算机,有较高的速度、较大的存储空间以及断电保护措施等。它能够在网络中为用户提供通讯、文件共享、网络打印等功能。

11. Firewall(防火墙)

用于保证网络安全的设备或软件,可以防止非法进入网络,剔除非法信息等。

12. LAN (Local Area Network,局域网)

局域网是连接一组或者一群距离接近的在同一较小物理地域内(如同一办公室或建筑物)的计算机和网络设备的网络。局域网通常使用同轴电缆或者双绞线进行连接。速度通常比广域网(WAN)快,但范围最小。局域网有总线型、环型、星型和网状型几种物理拓扑结构。

第三节 辐射防护基础知识

一、辐射防护基础知识

(一) 原子、原子核和放射性

1. 原子、原子核

世界上任何物质都是由原子组成的。原子是进行化学反应的最小单位。

原子是由质量相对较大、体积较小位于原子中心的原子核和绕其高速运转的轨道电子组成。

原子核由 A 个核子组成(A 是质量数),其中有 Z 个带有正电荷的质子(Z 是原子序数,即原子核中质子的数量)和 N 个($N=A-Z$)电中性的中子。

2. 同位素

元素是由原子序数相同的原子组成的物质。至今共有 100 多种的元素被确定,其中 90 种存在于自然界中,剩下的元素是在核反应中或粒子加速器中人工合成的。

每一种元素都用它的原子序数来描述。然而,一种元素可以具有质量不同的原子,即核内中子数不同的原子。我们把凡是原子序数相同而原子质量数不同的这一类原子称为同位素,如表 2-15 所示。

例如,天然的铀矿含有三种铀的同位素:^{234}U,^{235}U,^{238}U。表 2-16 说明几乎所有的天然铀都是由^{238}U 组成的。

表 2-16 天然铀的同位素

同位素	质子数 Z	中子数 N	质量数 A	同位素摩尔丰度/%
^{234}U	92	142	234	0.006
^{235}U	92	143	235	0.720
^{238}U	92	146	238	99.275

仅占天然铀 0.72%的^{235}U,它的原子核性质对于核能的产生是非常有用的。因此在许多应用中,必须提高^{235}U 的浓度(丰度)。通过同位素分离厂来提炼^{235}U,提炼后的产品称为浓缩铀。在浓缩铀中^{235}U 的浓度是不同的,范围从 0.72%~99.99%不等。

3. 放射性

原子核内具有特定数目的质子和中子并处于同一能态的一类原子称为核素。某种元素有多少种同位素就有多少种核素。核素有的稳定,有的不稳定。不稳定的原子核,总是自发地以释放出粒子(α、β、n)或光子的形式释放能量以逐步达到稳定状态,这个过程称为衰变。

在衰变过程中放出粒子和光子的现象叫放射性。

具有放射性的核素叫放射性核素。原子序数大于 84 的核素都有放射性。

所有的由一个或多个放射性核素构成的物质叫放射源。

放射性活度:放射性核素的衰变率(即物质在单位时间内发生衰变的次数)。单位:贝可[勒尔](Bq,即每秒一次衰变)。

放射性物质的衰变服从指数衰减规律:

$$N=N_0 e^{-\lambda t}$$

式中:N_0——$t=0$ 时刻的核素的原子核数;

N——t 时刻核素的原子核数;

e——自然对数的底(e=2.718 28…);

λ——衰变常数,它的物理意义是单位时间内单个原子核发生衰变的概率,量纲是时间的倒数,单位是 1/s。

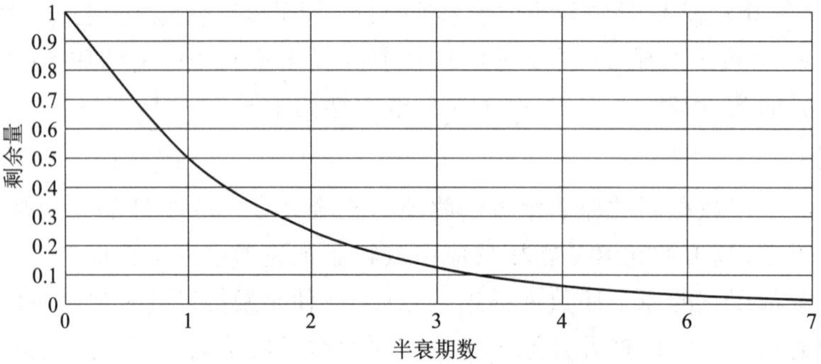

图 2-41 放射性物质的衰变曲线

半衰期是一个描述放射性核素衰变快慢的物理量,它的定义是放射性核素的原子核因衰变减少到它原来数目的一半所需的时间。它与衰变常数 λ 的关系为:

$$T_{1/2}=\ln 2/\lambda \approx 0.693/\lambda$$

各种核素的半衰期差别很大,例如:^{232}Th 的半衰期 $T_{1/2}$ 长达为 1.41×10^{10} 年,^{212}Po 的半衰期 $T_{1/2}$ 只有 3.0×10^{-7} s。

注意:7 个半衰期后,活度减为初始活度的约 1%,10 个半衰期后为 0.1%。

放射性物质的衰变曲线如图 2-41 所示,部分常见核素的半衰期如表 2-17 所示。

表 2-17　部分常见核素的半衰期

核素	半衰期	核素	半衰期
^{16}N	7.1 s	^{124}Sb	60.2 d
^{41}Ar	1.8 h	^{131}I	8.04 d
^{59}Fe	44.6 d	^{133}I	20.9 h
^{3}H	12.33 a	^{226}Ra	1 600 a
^{60}Co	5.27 a	^{235}U	7.04×10^{8} a
^{122}Sb	2.68 d	^{238}U	4.47×10^{9} a

（二）辐射的种类与特性

大多数放射性原子核是通过发射 α 和 β 粒子来衰变的，发射中子的衰变是很少的，而发射质子甚至重离子的的衰变事例更少，对辐射防护而言没有实际意义。大多数发射 β 粒子的原子核在发出 β 粒子后立即发出 γ 射线。如果用粒子（如 α 粒子或 γ 光子）轰击原子核，那么原子核中的中子可被击出从而产生中子射线。发射出的中子有较高的速度（每秒数千米）。

所以，常见的放射性衰变方式有 α 衰变、β 衰变和 γ 衰变，对应地辐射就有 α 辐射、β 辐射、γ 辐射和中子（n）辐射。

有些不稳定核素向稳定核素过渡要连续经过若干次衰变过程，发射一连串具有不同能量的各种射线，通常称这种一连串的衰变过程为放射性衰变链。

1. α 辐射

放射性核素自发地放射出 α 粒子（α 射线）而生成另一种核素的过程称为 α 衰变。

α 粒子的能量约为 6 MeV。具有以下特征：

（1）带两个正电荷；

（2）静止质量较大，为 4.001 506 u；

（3）与物质作用很强，在物质中能量损失很快，因而穿透力很差，空气中几个厘米，可被皮肤和器官的表面组织阻拦；

（4）屏蔽：一层纸；

（5）危险：主要是内污染损害器官，不造成外照射危险，外污染严重时可烧伤皮肤。

2. β 辐射

放射性核素自发地放射出高速电子（β 射线）而生成另一种核素的过程称为 β 衰变。

β 粒子实际上是高速运动的电子。它具有以下特征：

（1）静止质量：质量较小，只有 0.000 548 58 u，大约是中子的 1/1 836，α 粒子的 1/7 300；

（2）与物质的作用：较强，在介质中能量损失较快，穿透力较差；

（3）屏蔽：铝片；

（4）危险：对人体的内外污染。外污染会烧伤皮肤，内污染会对体内器官造成伤害。

3. γ 射线

放射性核素的原子核经 α 衰变、β 衰变后，通常还有些不稳定，很快它还会发射 γ 光子以释放多余的能量。

γ 射线是一种波长极短的电磁波。γ 射线的辐射一般是伴随着 β 和 α 粒子辐射之后进行。γ射线具有以下特征：

(1) 没有静止质量，不带电荷，所以与物质作用较弱，能量损失较慢，穿透力很强。

(2) 屏蔽：应选择具有较大原子量的物质。如：铅板、水是常用的屏蔽材料。

(3) 危险：主要是对人体产生外照射。

(三) 电离辐射的生物效应

自放射性被发现以来，大量的实践已证明核能既能造福人类，推动科学和技术的发展，同时也能危害人民的健康，在人类利用核能的过程中曾付出一定的代价。铀浓缩厂在一般情况下，厂内工作人员受到的辐射剂量是很小的，不足以对身体健康产生不良影响，这已被世界各国铀浓缩工厂运行的实践所证明。工作人员只有在事故情况下才可能受到一定程度的辐射损伤。辐射损伤是指机体受辐射照射后产生的各种类型和不同程度的有害效应。辐射效应是辐射引起的各种变化的通用术语。

1. 几种电离辐射的相对危害

电离辐射对人体的危害，主要在于辐射的能量导致构成人体组织的细胞受到损伤。电离辐射的类型不同，对人体的危害情况也不一样。相对而言，有的辐射产生外照射的危害大一些，而有的辐射产生内照射的危害性大一些。所谓外照射和内照射就是辐射源分别在人体外和人体内形成的照射。

2. α粒子的相对危害性

α粒子质量大，电荷多，在物质中的射程很短。能量最大的α粒子在空气中的射程虽有几厘米，但难以穿透人体皮肤外表的角质层。因为角质层是一层无生命组织，由此可知，α粒子几乎不存在外照射危害的问题。

然而，α粒子一旦进入人体，其射程短这一特点就变得非常重要了。此时，α辐射源被人体活组织所包围，损伤几乎都集中在α粒子源点的附近。若α粒子沉积在人体内的某个器官，α粒子的能量就会被该器官全部吸收，而不会分布到较大体积的组织中去。这样，该器官就会受到严重的伤害。因此，α粒子的内照射危害是很值得重视的。

3. β粒子的相对危害性

与α粒子相比，β粒子在空气中的射程较远。能量较高的β粒子才能穿透人体皮肤进入浅表组织几毫米。因此，β粒子具有外照射的危害，不过，它只能造成人体皮肤和浅表组织的受照，是一个危害较小的外照射源。

β粒子同样也有内照射的危害，但与α粒子相比，其危害性要小些。因为β粒子在组织中射程较远，在组织的某个小体积内放出的能量较α粒子小，因此，这个小体积组织的损伤也较小。

4. γ射线(包括X射线)的相对危害性

X射线和γ射线在空气和其他物质中射程很远，穿透力强，即使离辐射源很远，也可以对人体造成外照射危害。当人体处于X射线或γ射线辐射场中时，可能会使所有的器官和组织均受到照射。因此，就外照射而言，X、γ射线与α、β粒子相比具有更大的危害性。

由于X、γ射线在人体组织中的射程很远，甚至贯穿人体，因而交给组织中某一小体积内的能量较少，损伤也较少。可见，就内照射而言，X、γ射线对人体的危害要比α、β小得多。

综上所述，铀浓缩工厂常见的几种辐射，就其相对危害性而言，α辐射和β辐射潜在危害主要在内照射，而 γ 辐射（包括 X 射线）的潜在危害主要在外照射，这些相对不同的危害性也是辐射防护关注的重点。

（四）辐射量和单位

随着辐射防护的发展及国际单位制（SI）的推行，辐射防护中使用的量和单位术语在过去几十年有了很多发展变化。在核物理和电离辐射领域中以前广泛使用的一些专用单位，如居里（Ci）、拉德（rad）、雷姆（rem）、伦琴（R）等，在 1985 年以后国际上已不再使用了。辐射防护常用的量和单位见表 2-18。

表 2-18　辐射防护常用的量和单位

量的名称	SI 导出单位		
	名称	符号	用其他 SI 单位
放射性活度	贝可[勒尔]	Bq	$1\ Bq=1\ s^{-1}$
吸收剂量	戈[瑞]	Gy	1 Gy=1 J/kg
剂量当量 有效剂量	希[沃特]	Sv	1 Sv=1 J/kg

1. 活度

放射性核素在单位时间内发生核衰变的数目（即衰变率），称为放射性活度，简称活度，量纲是衰变/秒。通常用 A 表示：

$$A=-\mathrm{d}N/\mathrm{d}t=\lambda N$$

放射性活度的单位，国际单位制用贝可，代号为 Bq。过去习惯上用居里（Ci）表示。

$$1\ \mathrm{Bq}=1\ \text{衰变/秒}$$

$$1\ \mathrm{Ci}=3.7\times10^{10}\ \mathrm{Bq}$$

2. 吸收剂量

这是受（致）电离辐射照射的物质吸收能量的度量。它不仅取决于辐射场的性质，还和受照物质的性质有关。

吸收剂量的定义是单位质量受照物质中所吸收的辐射能量，即吸收剂量 D 是 ΔE 除以 Δm 所得的商。

$$D=\Delta E/\Delta m$$

ΔE——电离辐射授予质量为 Δm 的体积元的总能量。

吸收剂量的国际制单位是 J/kg，专用名称是戈瑞（Gy），1 Gy=1 J/kg。

$$1\ \mathrm{Gy}=1\ 000\ \mathrm{mGy}=1\ 000\ 000\ \mu\mathrm{Gy}$$

吸收剂量的原用单位是："拉德"，符号为"rad"，它与"戈瑞"间的换算关系是：1 Gy=100 rad。

吸收剂量适合于任何电离辐射和受到照射的任何物质，并且是个与一无限小体积相联系的辐射量，即受照物质中每一点都有特定的吸收剂量数值。

吸收剂量率（D）：单位时间内的吸收剂量称为吸收剂量率，即 dD 除以 dt 的商：

$$D(t)=\mathrm{d}D/\mathrm{d}t$$

$D(t)$为 t 时刻吸收剂量率，单位为 Gy/h，dD 是时间间隔 dt 内吸收剂量的增量。

3. 剂量当量

相同的吸收剂量未必产生同等程度的生物效应,因为生物效应受辐射类型、剂量与剂量率大小、照射条件及个体差异等多种因素的影响。为了用同一尺度表示不同类型的辐射照射对人体造成的生物效应的严重程度或发生概率的大小,辐射防护上采用了剂量当量这个辐射量。

剂量当量 H 是组织内被考察的某点的吸收剂量 D、辐射权重因子(品质因子)Q 和 N 的乘积,即:

$$H=D\cdot Q\cdot N$$

式中:D——该点处的吸收剂量;

Q——辐射的品质因数;

N——其他修正因数的乘积,取为 1。

剂量当量的国际制单位为 J/kg,专门名称为希沃特(Sv)。1 Sv=1 000 mSv=1 000 000 μSv。

剂量当量的原用单位是“雷姆”,符号为“rem”。

它与“希沃特”间的换算关系是:1 Sv=100 rem。

剂量当量率:表征辐射场剂量大小的物理量。通常用每小时的剂量当量来表示,单位:mSv/h,μSv/h。

个人剂量当量:人体某一指定点下面适当深度 d 处的软组织内的剂量当量 $Hp(d)$。这一剂量学既适用于强贯穿辐射,也适用于弱贯穿辐射。对强贯穿辐射,推荐深度 d=10 mm;对弱贯穿辐射,推荐深度 d=0.07 mm。

集体剂量:群体所受的总辐射剂量的一种表示,定义为受某一辐射源照射的群体的成员数与他们所受的平均辐射剂量的乘积。集体剂量用人·希[沃特](人·Sv)表示。

二、辐射防护的目的、要求和剂量限值

(一) 辐射防护的目的

辐射防护关心的是:既要保护放射性工作者本人、公众和他们的后代的辐射安全,又要允许进行那些可能产生辐射照射的必要活动。所以,辐射防护的目的在于给人类受辐射照射的必要活动建立和维持适当的安全条件,避免发生确定性效应,并使随机效应的发生率减至实际可能的最低水平。

(二) 辐射防护的基本要求

1. 实践的正当性

对于一项实践,只有在考虑了社会、经济和其他有关因素之后,其对受照个人或社会所带来的利益足以弥补其可能引起的辐射危害时,该实践才是正当的。需要注意的是,这里所说的利益是对于社会的总利益,不仅仅是某些团体或个人得到的好处。同样,代价也是指由于引进该项实践后的所有消极方面的总和,它不仅包括经济上的代价,而且还包括对人体健康及环境的任何损害,同时也还包括在社会心理上带来的一切消极因素。由于利益和代价在群体中的分布不相一致,付出代价的一方并不一定就是直接获得利益的一方。所以,这种广泛的利害权衡过程只有在保证每一个体所受的危害不超过可以接受的水平这一条件下才是合理的。在判断辐射实践正当化时,一般需要综合考虑政治、经济、社会等许多方面的因

素，辐射防护仅是其中的一个方面。

2. 剂量限制

应对个人受到的正常照射加以限制，以保证除特殊情况外由来自各项获准实践的综合照射所致的个人总有效剂量和有关器官或组织的总当量剂量不超过规定的剂量限值。

剂量限值是不允许接受的剂量范围的下限，而不是允许接受的剂量范围的上限。这里所说的剂量是指内、外照射产生剂量的总和。作为限值，它不适用于医疗照射和天然本底照射。

3. 防护与安全的最优化

对于来自一项实践中的任一特定源的照射，应使防护与安全最优化，使得在考虑了经济和社会因素之后，个人受照剂量的大小、受照射的人数以及受照射的可能性均保持在可合理达到的尽量低的水平（As Low As Reasonably Achievable，ALARA）。

辐射防护的最优化实质上就是在辐射危害和防护代价之间寻求一种平衡，使工厂付出的总代价最低。要做好辐射防护的最优化，离不开广大员工的理解、配合和支持。

（三）剂量限值体系

限值是在规定的活动或情况下所使用的某个量的不得超过的值。剂量限值是受控实践使个人所受到的有效剂量或当量剂量不得超过的值。辐射防护剂量限值体系一般分为基本限值、次级限值、导出限值、管理限值和参考水平五个级别。在我们实际工作中运用的较多是基本限值、管理限值和参考水平。

1. 基本限值

基本限值是辐射防护的基本标准。在国家标准《电离辐射防护和辐射源安全基本标准》（GB 18871—2002）中，对基本限值作了规定，某厂参照国家标准制定了相应的个人剂量限值，见表 2-19。

表 2-19 辐射防护个人剂量基本限值

范围	国家标准（GB 18871—2002）	某厂管理限值
全身	5 年时间内平均每年 20 mSv，但任何一年剂量不能超过 50 mSv	20 mSv/a
眼晶体	150 mSv/a	150 mSv/a
皮肤	500 mSv/a	500 mSv/a
手和脚	500 mSv/a	500 mSv/a

在应用剂量限值时，必须满足如下附加限制：

（1）育龄妇女应保证为均匀受照，月剂量不得超过年剂量限值的 1/12。

（2）从事职业性辐射工作的孕妇，应在一年的照射不超过 15 mSv 的环境下工作，并保证为均匀受照。

（3）年龄在 16～18 周岁的学生和学徒工，由于教学培训需要接受照射时，一年内受到的有效剂量当量不得超过 15 mSv。年龄小于 16 周岁者按公众成员控制。

（4）只有辐射工作人员可以接受事先计划的特殊照射，且一次不得超过 100 mSv，一生不得超过 250 mSv。

（5）育龄妇女和未满 18 周岁者不得接受事先计划的特殊照射。

2. 管理限值

管理限值是由主管当局或单位管理部门制定的限值。管理限值只用于特定场合,例如放射性流出物排放的管理限值。制定管理限值可以应用最优化程序。

3. 参考水平

参考水平是决定采取某种行动的水平。对于辐射防护中测定的任何一种量,都可以建立参考水平,不管这些量是否确定了限值。参考水平不是一个限值,它的用途是当一个量的数值超过或预计超过制定的参考水平时,提示应采取某种行动。这些行动可以是单纯的数据记录,或调查原因与后果,甚至采取必要的干预行动等。最常用的参考水平有记录水平、调查水平和干预水平。

(四) 辐射防护最优化

1. 辐射防护最优化的概念

对于小剂量的危害,人们规定:剂量无论如何小,均会引起有害的辐射效应,且剂量与效应发生的概率成正比关系,即剂量与效应发生概率的线性无阈假设。因此,必须尽量降低工作人员接受的剂量水平,以减少健康损害代价。

但剂量的降低,需要增加辐射防护的投入,即又会加大辐射防护代价。而且,当防护投入的代价达到一定值后,防护的再投入对降低剂量的作用变得不那么明显。也就是说,在考虑辐射防护时,并不是不惜一切代价使剂量当量越低越好,而是在考虑到经济的、社会的或政治的各种因素的条件下,使剂量水平低到可合理达到的程度。只要辐射防护代价和健康损害代价之和最小,即可认为辐射防护已经实现了最优化。辐射防护最优化在实际的辐射防护中占有重要的地位。在实施某项辐射实践的过程中,可能有几个方案可供选择,在对这几个方案进行选择时,应当运用最优化程序,也就是在考虑了经济和社会的因素之后,应当将一切辐射照射保持在可合理达到的尽可能低的水平(ALARA)。因此,辐射防护最优化原则也称为 ALARA 原则。

2. 辐射防护最优化过程概述

辐射防护最优化的实施一般分为三个阶段进行,工作前辐射防护最优化计划的制定和相应的准备、工作实施过程中的跟踪检查和工作结束后的总结报告。

(1) 工作前最优化计划的制订和准备

工作前制订的最优化计划包括完成这一工作的集体剂量当量目标、选定的个人剂量、工作环境剂量率、空气及表面污染的参考水平等。辐射防护措施和防护技术一般需要在众多的可能方案中综合考虑。

工作准备包括工作现场防护措施的准备和技术方面的准备。工作现场准备包括辐射源的屏蔽、现场去污、工作棚的搭设、防护用品和废物收集设备等;技术方面的准备包括技术程序的准备、工作所需材料的准备及工作人员的组织和培训。

大量的经验表明,工作前周密的计划和充分的准备可有效地缩短工作时间,降低剂量水平,避免事故发生。

(2) 工作实施过程的跟踪

在工作实施中,除利用实时剂量监测系统和辐射监测系统跟踪个人和集体剂量及工作条件外,还应跟踪 ALARA 计划和辐射防护规定的执行情况,以便及时发现问题,纠正不安全行为。要加强信息交流，倾听各方面特别是从事具体工作的工作人员的意见，使制定的ALARA计划更切实可行。

(3) 工作结束后的总结报告

在总结报告阶段应将最优化的计划与实际结果进行比较，必要时纠正调查，应报告最优化计划和执行阶段发现的问题，提出改进意见并总结应吸取的教训，反馈积累的经验。

三、电离辐射对人体的效应

电离辐射对人体的作用，是一个非常复杂的过程：它通过直接的或间接的电离作用，使人体的分子发生电离或者激发；对人体的水分子，会使其产生多种自由基和活化分子；严重的，导致细胞或机体损伤甚至死亡。

当然，电离辐射对人体的作用过程是"可逆转"的，人体自身具有修复功能，这种修复能力的大小与个体素质的差异有关，与原始损伤程度有关。所以，一定要控制人所受剂量的大小。

(一) 外照射

1. 外照射的概念

外照射是指放射源在人体之外对人体产生的照射，包括体表放射性污染引起的照射。外照射可引起内部器官组织或皮肤的损伤。

对X射线、γ射线，吸收剂量在0.25 Gy以下时，人体一般不会有明显效应；但是，剂量再增加，就可能出现损伤。当达到几个戈瑞时，就可能使部分人死亡。接受同样数量的"吸收剂量"，受照射时间越短，损伤越大；反之，则轻。吸收同样数量剂量，分几次照射，比一次照射损伤要轻。

α粒子穿透能力弱（一张纸就可以阻挡），不会引起外照射损伤。β粒子穿透能力也较弱，外照射时只能引起皮肤损伤。γ射线穿透能力强，人体局部受到它照射，吸收2～3 Gy剂量时不会出现全身症状，即使有人出现也很轻微。但是，全身照射就可能会引起放射病。不同组织和器官对电离辐射敏感性也不同。

2. 短期大剂量外照射引起的辐射损伤

按射线的作用范围，短期大剂量外照射引起的辐射损伤可分成两类：

(1) 全身性辐射损伤

是指机体全身受到均匀或不均匀照射后出现的急性放射病，这种病症的出现多数是由于意外的核事故造成的，此外在放射治疗中也可能由于剂量过大，用源不当等原因造成全身性辐射损伤。

(2) 局部性辐射损伤

是指机体在某一器官或组织受到外照射时出现的某种损伤。一般，放射治疗中可能出现这种损伤。

表2-20　一次全身大剂量辐射照射对身体的影响

剂量当量水平	对人体的影响
小于0.25 Sv	未观察到临床效应
0.25～0.5 Sv	可以引起血液的变化

续表

剂量当量水平	对人体的影响
0.5～1 Sv	血液发生变化且有一些损伤
1～2 Sv	损伤，并可能发生轻度急性放射病，容易治愈
2～4 Sv	明显损伤，能引起中度急性放射病，能治愈
4～5 Sv	能引起重度急性放射病，虽经治疗受照者有 50%可能在 30 天内死亡，其余 50%能恢复
大于 6 Sv	引起极重度放射病，可能因此而死亡

3. 长期小剂量照射对人体健康的影响

长期小剂量照射引起的生物效应，其特点是：潜伏期较长，效应出现较晚，发生概率很低。因此要估计小剂量照射对人体健康的影响，只有对人数众多的群体进行流行病学调查，才能得出有意义的结论。

(二) 内照射

1. 内照射的概念

进入体内的放射性核素作为辐射源对人体的照射称为内照射。内照射与外照射的区别在于：外照射只在放射性场所工作时发生，工作人员一旦离开，外照射即可避免，而放射性物质一旦进入体内，会时时刻刻对人体产生照射。

2. 内照射的危害

放射性物质对人体造成的内照射伤害往往比外照射更大。这是因为：1）照射是连续的，且几乎不能用人为的方法加以改变，一般只能按照其自身的固有规律在人体内进行代谢。2）某些放射性核素会有选择地沉积在它所亲和的某个或某些器官或组织中，例如，碘主要沉积在甲状腺中，锶主要沉积在骨中，等等。3）一些本来无法从体外照射人体器官或组织的 α 粒子和低能 β 粒子，一旦进入体内，就可将其全部能量释放在受照器官或组织中；此外，还有一些放射性核素，除有放射性危害外，还有化学毒性危害。

3. 形成内照射的途径

放射性物质进入体内形成内照射的途径主要有：食入、吸入、从裸露伤口进入、通过皮肤渗入等。

通过食入途径进入人体的方式，主要是食用受到放射性物质污染的食物，而直接食入放射性物质则一般极少发生。

通过吸入进入人体的放射性物质主要有放射性气体和气溶胶。放射性气体和气溶胶被吸入后，除一部分呼出外，其余则在呼吸系统的各段沉积下来，滞留在人体中。

人体皮肤是一个可以防止大部分放射性物质进入体内的有效天然屏障，但当皮肤有伤口时，放射性物质就可通过伤口直接进入人体。放射性物质长时间附着在皮肤上，也可渗入体内。

进入人体的放射性物质，部分可以通过呼气、粪便、尿液和痰排出人体。

四、辐射防护

(一) 外照射辐射防护

外照射防护的基本原则是尽量减少或避免射线从外部对人体的照射，使之所受照射不超过国家规定的剂量限值。X 射线、γ 射线和中子等在人体外对人照射时，其防护措施有：1）保持距离，距放射源愈远，人体吸收剂量就愈少。2）减少受照射时间。3）用屏蔽物质防护。射线通过与物质接触，能量被减弱，所以，在放射源与人体之间加装屏蔽物就能起到防护作用。铅的屏蔽作用最好，水、铁、水泥、砖、石头、铅玻璃也常用。

（二）内照射防护

内照射防护的关键在于切断造成内污染的各种途径。从防护的形式来讲分为集体防护和个人防护。

1. 防止放射性物质经由呼吸道进入体内

由于放射性粉尘或放射性气体逸入空间，可能造成工作场所的空气污染，空气污染是造成放射性物质经呼吸道进入体内的主要途径，其防护措施主要有："包容、隔离"和"净化、稀释"。

个人防护就是工作人员佩戴呼吸保护装置，防止放射性物质被吸入人体。

呼吸装置分为开放式和密闭式两种：开放式的防护装置为高效的防护口罩，采用活性炭等物质吸附放射性物质；密闭式的防护装置本身提供可供人体呼吸的气源，因此可根本地避免放射性物质的吸入。

2. 防止放射性物质经口进入体内

防止放射性物质经口进入体内，主要从管理及工作习惯上解决。在控制区或放射性操作现场（如废物运输）不准吃、喝、抽烟等，平时养成良好的工作习惯，工作时不用手抚摸面部，工作结束后洗手等。

3. 防止放射性物质经皮肤和伤口进入体内

为了防止放射性物质经皮肤进入体内，工作时必须穿戴个人防护用品，尽量减少暴露的皮肤面积，而且不用有机溶剂洗手或涂敷皮肤，否则会增加放射性物质的渗透性。

要小心工作，不要让沾有放射性物质的设备尖角、断口等割裂皮肤，若有了伤口，无论伤口在何处，则必须立即停止工作，及时通知辐射防护人员和职业卫生医生。如工作确有需要，可用不透水的敷料妥善包扎好后再工作，不准带裸露伤口进入控制区从事放射性工作，如果伤口较大，则必须停止工作。这些考虑都是为了防止放射性物质经伤口直接进入体内，因为裸露的伤口为污染物进入血液提供了直接的途径。

（三）表面污染的概念及其防护

1. 表面污染的概念

放射性物质以粉尘、液膜或固态附着层的形式覆盖在物体的表面，称之为表面污染。量度表面污染强弱的单位是：单位面积上放射性核素的活度（Bq/cm^2）。

表面污染主要来自空气中放射性微尘的沉降以及检修时开启带放射性的系统、运行中系统的泄漏，或来自对具有放射性物质的机械加工。

2. 表面污染的分类

表面污染按照其去除的难易可分为固定污染和松散（非固定）污染两种。

（1）固定污染（难去除）

是指放射性物质固定在表面上，不能用一般的擦拭法去除，而必须用诸如机械加工或化学方法才能去除的表面污染。

(2) 松散污染(易去除)

松散污染的放射性物质与表面结合不紧密,可以用一般的擦拭法去除。

3. 表面污染控制限值

放射性表面污染控制标准的制定,考虑了表面污染对人体造成的外照射和由产生表面污染的放射性物质的再悬浮而造成的人体内照射。制定表面污染控制限值的目的在于限制由于表面污染引起的放射性物质对人体的内外照射,控制可能发生的环境污染。

根据国家标准《电离辐射防护和辐射源安全基本标准》(GB 18871—2002),工作人员的体表、内衣、工作区域内使用的工具及工作区域表面的放射性表面污染的控制限值分别规定如表 2-21 所示。

手、皮肤、内衣、工作袜被污染时,应及时清洗,尽可能清洗至本底水平,其他表面污染水平超过表 2-21 列出的数据时,应采取去污措施。

设备、墙壁、地面经采取适当的去污措施后,仍超过表 2-21 所列数值,可视为固定式污染,经辐射防护部门同意,可适当提高控制水平,但不得超过表中数值的 5 倍。氚和氚化水的表面污染可按表 2-21 数值的 10 倍控制。

表 2-21　放射性表面污染的控制限值　　Bq/cm^2

表面类型	α	β
手、皮肤、内衣、工作袜	0.04	0.4
手套、工作服、工作鞋	0.4	4
控制区地面、设备、墙壁地面	4	40

表中数据是固定污染和松散污染的总和。

4. 表面污染防护

表面污染的防护分为集体防护和个人防护两种。

(1) 集体防护措施

1) 设备、墙壁、地面表面尽量光滑,易于去污,在控制区使用的材料、设备的表面要尽量光滑,避免缝隙,控制区地板应涂刷易去污的油漆等,这些措施可以减轻放射性物质在表面上的沾附,也易于去污。

2) 采取去污措施,对那些超过污染控制限值的设备、材料、地面表面等应进行适当的表面去污处理。对人员经常经过的廊道等,要做到定期检查、去污。

3) 防止设备的污染:避免设备阀门等泄漏现象,对有可能造成表面污染的检修作业,应在地面铺设吸水纸、塑料布等材料,以防放射性废液流出对地面造成污染。

4) 检修前应检查隔离是否合适,以防放射性液体喷射,对管道中剩余的放射性液体,要用小塑料桶收集,倒入放射性液体地坑中。

5) 控制区内设常用工具设备库,避免工具、设备的频繁进出造成放射性物质扩散,尽量避免工具与设备的重复污染。

(2) 个人防护

个人防护是指工作人员采取一定的防护措施防止工作人员被污染。

穿戴好个人防护衣具。控制区基本防护衣具包括安全帽、纸帽、连体工作服、手套、T 恤衫、袜子、工作鞋等。在有表面污染的区域工作时,还应穿戴附加连体工作服和塑料鞋套等,在有湿表面污染的区域工作时，应穿戴无纺布连体工作服、塑料鞋套、橡胶手套等。

1）严格遵守控制区内有关管理规定。

2）工作人员在控制区工作时严禁用手触摸脸、头部。

3）严禁用手触摸设备。

4）工作结束后，将防护用品放入指定的收集点。

5）在穿、脱特殊防护用品（如气衣）时听从现场服务人员的指挥。

6）养成良好的工作习惯，如工作后洗手。

7）原则上工作人员必须自己进行去污，在辐射控制区出入口洗手龙头处可以对手部污染进行去污，也可以在去污间对身体表面进行去污，同时在去出入口和去污间的路上及去污过程中，应防止污染扩散。

五、辐射工作场所的管理

（一）厂区分区管理

根据《电离辐射防护和辐射源安全基本标准》（GB 18871—2002），辐射工作场所的分区是分为控制区和监督区。

1. 监督区

监督区是指未被确定为控制区、通常不需要采取专门防护手段和安全措施但要不断检查其职业照射条件的任何区域。

工作人员在其中工作一年接受的剂量一般不超过年限值的十分之三，但可能超过年限值的十分之一。

一般没有放射性源项，包括放射性设备和系统，但可能由于某种特殊情况，例如：设备和废物的非正常移动或正常运输存在暂时性的源项。

正常情况下不存在高于天然本底的放射性污染，但可能由于某种特殊情况，例如：人员、设备和废物的非正常移动造成交叉污染。

正常情况下没有潜在的辐射和放射性污染风险，人员活动原则上没有辐射防护限制。

监督区的范围包括汽轮机厂房、主控室、主蒸汽管廊、控制区出入口以及控制区外周边区域。

2. 控制区

控制区是在辐射工作场所划分的一种区域，在这种区域内要求或可能要求采取专门的防护手段和安全措施，以便：在正常工作条件下控制正常照射或防止污染扩展；防止潜在照射或限制其程度。

工作人员在控制区内工作一年（以 2 000 小时计），其有效剂量当量可能超过年剂量限值十分之三。此区域还应考虑辐射和污染的潜在风险。

包含有铀浓缩厂所有的放射性设备，在此区域内从事工作时存在内外照射风险、放射性污染风险。在该区域的一切活动必须按有关辐射防护制度进行，必须接受辐射防护人员的监督。有实体边界保证对放射性进行有效控制。

辐射控制区的范围包括供取料厂房、级联工艺厂房、物料贮存厂房、液化倒料厂房、废水、废液处理厂房等。

在辐射控制区以外进行放射性操作和放射性物质运输，必须建立临时控制区，执行辐射控制区的辐射防护规定。比如：在放射性物质运输过程中，若发生事故造成污染，应该在事故地点设临时控制区以避免污染扩散和人员无故受照。

(二) 人员出入控制管理

1. 进入控制区的条件

进入控制区前，所有人员必须到辐射防护部门申请办理辐射控制区通行证。申办辐射控制区通行证，必须符合以下条件：

(1) 从事放射性工作的人员应身体健康，适合从事辐射工作。

(2) 所有从事辐射工作的人员，必须接受辐射防护培训，通过考核。

(3) 辐射工作人员以后进入控制区，必须符合下列条件：

1) 辐射控制区通行证必须在有效期内。

2) 必须办理辐射工作许可手续。

2. 个人防护用品

进入控制区的工作人员必须脱掉家用服，穿戴下列基本防护用品：防护工作服、防护内衣或T恤衫、纸帽、袜子、细纱手套等。

3. 辐射控制区出入口进出程序

铀浓缩厂都设置了辐射控制区出入口，并制定了出入口进出程序，辐射工作人员应该严格按照规定的程序进出辐射控制区出入口。

(三) 辐射控制区物品进出管理

1. 物品的带入

需要带入辐射控制区的物项的进出必须征得辐射防护部门的同意。尽量减少带入辐射控制区的物品数量，原则上使用多少带入多少。带入辐射控制区的物品尽量去除外包装物。控制区内专用工具间已有的工具，尽量不要带入。

2. 物品的带出

所有带出控制区的物品必须经过污染检查：如污染水平超过控制标准，则去污至合格；不能去除，有固定污染则需按要求严格包装，否则不得带出辐射控制区。带出物品表面污染(包装外)控制在：$\alpha \leqslant 0.04\ Bq/cm^2$，$\beta \leqslant 0.4\ Bq/cm^2$。小件物品或工具带出辐射控制区时用小物品污染检查仪进行表面污染测量。

大件物品或工具需从其他通道撤离控制区前，事先必须通知辐射防护部门，经由辐射防护人员检测后，符合控制标准方可带出辐射控制区。

六、放射性废物的管理目标和要求

放射性废物是指来自实践或干预的、预期不会再利用的废弃物(不管其物理形态如何)，它含有放射性物质或被放射性物质污染的物质，其活度或活度浓度大于审管部门规定的清洁解控水平，并且它所引起的照射未被排除。

铀浓缩厂的放射性废物是指来源于铀浓缩运行、检修过程中不再加以利用的副产品，对这些放射性废物的产生、储存过程应进行有效管理，以便使其产生量达到尽量少和对铀浓缩厂的工作人员和公众造成的辐射照射尽量小。

放射性废物的管理主要包括废物的收集、转移、减容、贮存等活动。

(一) 放射性废物管理的目标

采取一切可行的措施管理放射性废物，确保人类健康及环境不论现在或将来都得到足够的保护，并不给后代增加不适当的负担。

(二) 放射性废物管理的要求

采取有效的控制措施，确保放射性废物及其管理活动所应引起的对工作人员和公众的辐射照射不超过国家有关法规和标准的规定，并保持在可合理达到的尽量低的水平。

七、六氟化铀对人体健康的危害

在铀浓缩生产中，六氟化铀、氟化氢及其他一些工作物质对人体健康具有一定的危害性。六氟化铀对人体健康的危害包括化学毒性和放射性两个方面，其中化学毒性的直接危害远比放射性危害严重；氟化氢对人体健康的危害只有化学毒性一方面。

(一) 六氟化铀及其生成物的化学毒性

六氟化铀从容器或其他设备中外泄造成危害，是因为它与空气中的水发生水解反应生成的 HF 和 UO_2F_2 经呼吸器官或口腔进入人体而造成的。此外，皮肤接触 UF_6 或 HF 也会因其腐蚀性而导致灼伤。由于空气中的水分有限，如果外泄的六氟化铀气体较多，则可能未经水解而直接被人体摄入。这时，水解反应将在人体器官的表面组织上进行，从而造成更大的危害。

据国际原子能机构(IAEA)提供的资料，可溶性铀的摄入量低于 0.03 mgU/(kg 体重)是安全的；当这个数值达到 0.058 mgU/kg 时，其化学毒性，主要是其重金属毒性反应，可造成肾损害；达到 1.63 mgU/kg 时，有 50%的致死可能。即使在此剂量下，其放射性对人体的急性危害也不明显。

氟化氢对人体的危害与氟化氢在空气中的含量有关。长期工作在可能受氟化氢沾污的场所中的人员，如果空气中的氟化氢浓度低于 2.0 mg/m^3，则被认为是安全的；如果氟化氢的浓度达到 5.0 mg/m^3，则暴露时间大于 15 分钟就可能造成对健康的损害。对于一次性突发沾污事故，在进入沾污区处理事故时，当氟化氢浓度达到 13.3 mg/m^3 时，允许暴露时间为 10 分钟；如果超过 30 分钟，对人体会有急性的健康损害。氟化氢主要危害呼吸系统，表现形式为肺炎或肺水肿。

(二) 六氟化铀的放射性危害

UF_6 的放射性与多种因素有关，包括：铀的来源，天然铀或后处理的铀；^{235}U 的丰度；生产以来的时间；放射性杂质的性质和含量。

天然铀生产的 UF_6 的放射性主要取决于 ^{235}U 的丰度。未经浓缩的天然铀的放射性比活度为 2.6×10^4 Bq/gU(贝可/克铀)。其中同位素 ^{234}U 和 ^{235}U 各占一半。对于浓缩铀，由于在浓缩过程中，^{234}U 因原子量小而使其富集程度高于 ^{235}U，在放射性分额中渐成主角。当 ^{235}U 的丰度为 5%时，产品中的放射性有 80%来自 ^{234}U。值得注意的是，铀衰变产物中含有一些具有强贯穿性的 β 和 γ 射线的核素。它们形成不挥发的化合物残留在 UF_6 的容器中。因此，在倒空的容器中，由于这些物质的富集，又没有了大量 UF_6 的屏蔽和吸收作用，其 γ 射线的水平会比满料容器大得多，而且其最高的辐射水平发生在容器刚刚倒空的时刻，随后很快衰减。

应当指出，对于在 UF_6 容器附近工作的人员的辐射照射，在通常的工作时间和工作距离条件下是安全的，不需要特殊的防护措施。

对于后处理生产的 UF_6，除了 ^{235}U，^{238}U 和 ^{234}U 以外，还有多种其他核素，包括：

——其他铀同位素：^{232}U，^{233}U，^{236}U，^{237}U；

——由铀核转变产生的核素：^{237}Np，^{239}Pu；

——裂变杂质：^{106}Ru，^{99}Tc；

——衰变子体：^{228}Th，^{208}Tl 等等。

这些核素中，有些半衰期较短，如 ^{237}U，只有 6.75 天，会在处理过程中蜕变殆尽。有些如 Pu 和 Np，因其氟化物的稳定性差，在六氟化铀的生产过程中可以除去。最值得注意的还是 ^{234}U，它在后处理 UF_6 中的放射性地位更加突出。前面已经提到，^{234}U 在铀浓缩中比 ^{235}U 富集的更快，而在反应堆中，它的消耗量仅为 ^{235}U 的一半。结果是在后处理 UF_6 的浓缩产品中，^{234}U 成为起决定性因素的放射性来源。因此，对于不同来源的 UF_6 的浓缩产品，对其中的 ^{234}U 的含量规定了允许的限值，以保证放射性安全。

八、生产过程中的核临界安全

裂变核素如 ^{235}U 之所以成为核能源，是因为它在一定条件下能发生自持中子链式反应（核临界反应）。产生自持链式反应的最小质量叫做临界质量。由于裂变物质超过临界质量而引起的事故叫做临界事故。发生临界事故时，将放射出大量的射线而造成严重的放射性污染。

裂变链靠中子得以持续，因此，裂变材料在生产、包装和运输中必须遵照专门设计的条件，把中子的行为控制在确保次临界状态，以保证临界安全。裂变材料自发裂变产生的中子有三种前途：

(1) 中子进入可裂变核，继续产生核裂变；

(2) 中子被其他材料吸收或被可裂变核吸收但不发生裂变；

(3) 中子从系统中泄漏掉。

控制了中子的前途，就控制了临界事件。裂变材料的几何形状，包括单个包装的形状和各个包装间的相对位置，决定了中子泄漏的情况。因为从一个包装中泄漏出来的中子，可以进入另一个包装而导致核裂变。如，在低浓产品存放时，按照 2D 和 3D 的原则进行存放：容器之间的距离大于容器直径的 2 倍；容器排与排之间的距离大于容器直径的 3 倍。中子的吸收和慢化是控制临界的另一个重要因素。^{235}U 核裂变产生的中子能量较高，称为快中子，它比较容易被其他核素如大量存在的 ^{238}U 吸收，从而阻遏临界。如果存在中子慢化剂如氢核，中子与氢核碰撞会使其自身的能量降低而成为热中子，比较容易被 ^{235}U 俘获，发生核裂变。所以，当核裂变材料中含有氢时（如其水溶液），对氢-铀原子比率的控制是保证次临界极其重要的条件。当铀的聚集超过临界质量就会引起爆炸，所以在分离过程中一定要防止漏水。国际通用的 30B 容器，用来盛装 ^{235}U 丰度 5%以下的 UF_6 产品，在设计时全面考虑了诸如几何形状，中子慢化等因素。只要不使大量的含氢物质如水进入产品容器，就不会出现临界安全问题。

第四节　工业安全知识

一、安全管理的法规和标准

（一）概述

“安全第一，预防为主”是我国安全工作的指导方针。其中心思想是：安全是生产活动的基础。对核设施来说，《中华人民共和国民用核设施安全监督管理条例》（HAF 0500）第三条规定：“民用核设施的选址、设计、建造和退役必须贯彻安全第一的方针”。

在贯彻“安全第一”方针的时候，应该以人为中心，即把人的安全放在第一位，把人的行为管理放在第一位。这是因为：

1. 人的健康、人的生命是最宝贵的。人是生产力的第一要素，一切物质财富都是通过人创造的。

2. 人是安全管理中最活跃、最难控制、最关键的因素。如果保证了人的行为的安全，基本上也就保证了财产的安全。换句话说，安全管理的成功表现为对人的不安全行为的成功控制。

在实际工作中，那些只管抢进度、抓效益而忽视人身安全的行为都是错误的，是和“安全第一”的方针背道而驰的。

（二）国家制定的法律、法规

安全生产是我国的一项重要政策，也是企业管理的一项基本原则。我国历来对安全生产和安全管理十分重视，并把安全管理纳入法制的轨道。

安全管理纳入法制轨道，即我们有安全生产的法律、法规。法是调整社会关系的。安全生产的法规所调整的是社会生产中人-机-环境系统的相互关系。

安全生产法规包括两类法律关系：一类是公民和单位之间关于保护公民人身安全和生产安全的法律关系；二类是有关国家或社会团体与公民或单位之间因监督、检查安全生产的法规执行情况而发生的法律关系。主要有：

1.《中华人民共和国劳动法》（以下简称《劳动法》）

《劳动法》阐明了劳动者及其用人单位的权利和义务，1994 年 7 月 5 日第八届全国人民代表大会常务委员会第八次会议通过。

有关内容摘录如下。

总则第三条：保护劳动者享有平等就业和选择职业的权利、取得劳动报酬的权利、休息休假的权利、获得劳动安全卫生保护的权利、接受职业技能培训的权利、享受社会保险和福利的权利、提请劳动争议处理的权利，以及法律规定的其他劳动权利。劳动者应当完成劳动任务、提高职业技能、执行劳动安全规程、遵守劳动纪律和职业道德。

总则第四条：用人单位应当依法建立和完善规章制度，保障劳动者享有的劳动权利和履行劳动义务。

第六章摘录：用人单位必须建立、健全劳动安全卫生制度。严格执行国家劳动安全卫生规程和标准，对劳动者进行劳动安全卫生教育，防止劳动过程中的事故，减少职业危害。

第六章第五十三条：劳动安全卫生设施必须符合国家规定的标准。新建、改建、扩建工程的劳动卫生设施必须与主体工程同时设计、同时施工、同时投入生产和使用。

第六章第五十四条:用人单位必须为劳动者提供符合国家规定的劳动安全卫生条件和必要的劳动防护用品,对从事有职业危害作业的劳动者应当定期进行健康检查。

第六章第五十五条:从事特种作业的劳动者必须经过专门培训并取得特种作业资格。

第六章第五十六条:劳动者在劳动过程中必须严格遵守安全操作规程。劳动者对用人单位管理人员违章指挥、强令冒险作业,有权拒绝执行,对危害生命安全和身体健康的行为,有权提出批评、检举和控告。

2.《中华人民共和国刑法》(以下简称《刑法》)

《刑法》阐明了违反劳动安全法规、违反规章制度造成重大伤亡事故的行为属于第二类和第八类刑事犯罪,即危害公共安全罪和渎职罪。同时,《刑法》明确定义了立案标准和量刑标准:

第一百一十四条:工厂、矿山、林场、建筑企业或者其他企业、事业单位的职工,由于不服从管理、违反规章制度,或者强令工人违章冒险作业,因而发生重大伤亡事故,造成严重后果的,处三年以下有期徒刑或者拘役;情节特别恶劣的,处三年以上七年以下有期徒刑。

第一百一十五条:违反爆炸性、易燃性、放射性、毒害性、腐蚀性物品的管理规定,在生产、储存、运输、使用中发生重大事故,造成严重后果的,处三年以下有期徒刑或者拘役;后果特别严重的,处三年以上七年以下有期徒刑。

第一百八十七条:国家工作人员由于玩忽职守,致使公共财产、国家和人民利益遭受重大损失的,处五年以下有期徒刑或者拘役。

3.《中华人民共和国消防法》(以下简称《消防法》)

《消防法》是加强消防工作,保卫社会主义现代化建设,保卫公共财产和人民生命财产安全的重要法规;也是企业安全生产的重要法规。

4.《中华人民共和国民用核设施安全监督管理条例》

国务院于1986年发布的关于核动力厂,核反应堆,核燃料生产、加工、贮存及后处理设施,放射性废物的处理及处置设施以及其他民用核设施安全监督管理的行政法规。

该条例对在民用核设施的建造和营运中保证安全、保证工作人员和公众的健康、保护环境、促进核能工业的发展,具有重要意义。

5.《中华人民共和国道路交通管理条例》

该条例对交通信号、交通标志和交通标线,车辆,车辆驾驶员,车辆装运,车辆行驶,行人和乘车人,道路,处置等都作了详细规定。是加强道路交通管理,维护交通秩序,保障交通安全畅通的重要法规。

此外,国家还制定了《化学危险品安全管理条例》等安全生产的法律和行政法规。

除国家颁布的综合性法规外,各产业系统根据各个行业的生产特点和具体情况,制定了本系统关于安全生产的部颁规程、规定、条例等。这些法规同样是安全生产法规体系的重要组成部分。

(三)国家制定的技术法规和技术标准

安全生产立法除制定法律和行政法规、条例外,还必须制定与这些法律、法规、条例相适应的技术法规和标准。安全生产的国家法律、行政法规是技术法规和技术标准的依据,技术法规和标准是实现国家法律和行政法规的具体保证。

劳动安全卫生标准，是为保护劳动者在生产劳动中安全与健康，避免事故、伤亡和设备材料损坏，防止作业场所的职业危害，保证经济建设顺利进行而制定的技术准则。

我国劳动安全卫生标准分为国家标准，行业标准，地方标准和企业标准四级。

根据《中华人民共和国标准化法》规定，“国家标准、行业标准分为强制性标准和推荐性标准。保障人体健康，人身、财产安全的标准和法律、行政法规规定强制执行的标准是强制性标准，其他标准是推荐性标准。”劳动安全卫生标准是属于强制执行的标准，其特点是：政策性强、综合性强、涉及面广。

我国劳动安全卫生标准可大致分为：

1. 管理标准

这类标准主要是一些为劳动保护监察工作提供依据并加强管理的标准，如《工业企业设计卫生标准》《企业职工伤亡事故调查分析规则》《辐射防护规定》等。

2. 劳动生产设备、工具安全卫生标准

这类标准主要是为了保证设备、工具的设计、制造、使用符合安全卫生的要求。如《生产设备安全卫生设计总则》等。

3. 生产工艺安全卫生标准

这类标准主要是对一些容易产生职业危害的生产工艺规定了最基本的安全卫生要求：一是预防工伤事故的生产工艺安全标准；二是预防职业病的生产工艺劳动卫生标准。如《工业企业厂内运输安全规定》《水泥生产防尘规定》等。

4. 防护用品标准

这类标准是为了控制防护用品质量，使其达到安全卫生的要求。如《安全帽一般技术条件》等。

这里要注意的是：遵守安全生产的法律、法规、标准是所有企业和任何个人的义务和责任，是安全管理的最低要求。好的安全管理绝不能停留在不违反法律、法规、标准的水平上，而是以法律、法规为指导，通过科学的管理，保护、发展生产力，保护劳动者的安全、健康，保护设备和财产的安全。每位职工知法、懂法、守法是实现安全生产的根本保证。

二、工业安全知识

(一) 电气安全

电是由燃料、水力、风力、核能等一次能源转变成的二次能源。电是最便利、最广泛、最便于输送、最有使用价值的能源。但是，由于技术、设备、管理和安全知识等方面的原因，电也会给人们造成灾害事故。我们要重视电气安全问题，学习电气安全知识，保证用电安全。

1. 电流对人体的作用

电流通过人体，会引起针刺感、压迫感、打击感、痉挛、疼痛以及血压升高、昏迷、心律不齐、心室颤动等症状，乃至导致死亡。

(1) 伤害程度与电流大小的关系

一般情况，电流越大，人体的生理反应越明显，危害性也越大。小于 0.5 mA，不会被感知，是无反应的；0.5～40 mA，是感知电流区；40 mA 以上，生理反应明显，甚至十分严重。

(2) 伤害程度与通电时间的关系

通电时间愈长,愈容易引起心室颤动,危险越大;时间越长,危害越严重。时间小于 75 毫秒(人心脏周期),一般不会有生命危险。

(3) 伤害程度与电流通过途径的关系

1) 电流通过心脏:心室颤动、停止跳动、血液循环中断,导致死亡。

2) 电流通过中枢神经:中枢神经系统失调,导致死亡。

3) 电流通过头部:昏迷、脑损伤。

4) 电流通过脊髓:截瘫。

这几种伤害,以通过心脏的伤害最为严重。在通电途径中,以胸—左手通路最危险,脑神经次之,四肢危险性较小。

(4) 伤害程度与电流种类的关系

25～300 Hz 的电流对人体伤害最严重。直流电流、高频电流、冲击电流和静电电荷对人体都有伤害作用,其伤害程度一般较工频电流(50～60 Hz)为轻。

2. 电气事故

触电一般是指人体触及带电体。由于人体触及带电体,电流对人体造成伤害。电流对人体有两种类型的伤害,即电击和电伤。

(1) 电击

电击是指电流通过人体内部,破坏人的心脏、肺部以及神经系统的正常工作,直至危及人的生命。电击致死的主要原因是心室颤动或窒息。绝大部分触电死亡事故都是电击造成的。

(2) 电伤

电伤是指由电流的热效应、化学效应或机械效应对人体外部造成的局部伤害。有电弧烧伤和电烙印。

3. 安全用电基本要素

(1) 确保电气绝缘;

(2) 保证安全距离;

(3) 明确安全载流量;

(4) 设置明显、统一的安全标志。

4. 检修作业安全距离

工作人员正常活动范围与带电设备的安全距离应大于表 2-22 规定的数值:

表 2-22 工作人员正常活动范围与带电设备的安全距离

设备电压/kV	距离/m	设备电压/kV	距离/m
6 以下	0.35	154	2.00
10～35	0.60	220	3.00
44	0.90	330	4.00
60～110	1.50		

5. 操作安全距离

用绝缘杆进行电气操作时，人身与带电导体间的安全距离应大于表 2-23 规定的数值。

表 2-23 用绝缘杆进行电气操作时人身与带电导体间的安全距离

电压等级/kV	距离/m	电压等级/kV	距离/m
10 以下	0.40	154	1.40
35(20～44)	0.60	220	1.80
60	0.70	330	2.60
110	1.00		

6. 用电安全措施

要达到安全用电，必须从设计、安装、运行、维护各方面采取预防性安全措施，防止事故，或限制事故后果。

在用电中，加强电气作业安全管理的同时，采取的安全措施一般是：保护接地，防止高压窜入低压保护，保护接零，重复接地保护；装设熔断器、脱扣器、漏电保护装置；采用安全低电压等。

（二）使用危险品

危险品：在使用、搬运、贮存时能对人体产生直接危害或间接造成事故的所有固态、液态和气态的物质。

国家标准(GB 6944—1986)将危险品分为九大类：爆炸品；压缩气体和液化气体；易燃液体；易燃固体、自燃物和遇湿时释放易燃气体的物质；氧化剂、有机过氧化物；毒害品和感染性物品；放射性物品；腐蚀性物品；其他危险品。

使用危险品的风险：使人中毒；对皮肤、黏膜的侵蚀；使人缺氧、窒息；爆炸，火灾。

（三）核设施的安全风险

核设施主要系统的风险是由系统或设备的压力、温度、放射性、流体、用电、系统内的危险品产生的危害(如表 2-24 所示)。

表 2-24 典型核设施有关系统的名称及其风险

系统名称	危害物	风险
给水除气器系统(ADG)	水和蒸汽	烫伤
辅助给水系统(ASG)暂存箱和蒸馏	氮和蒸汽	缺氧、烫伤
汽轮机轴封系统(CET)	蒸汽	烫伤
循环水处理系统(CTE)	NaCl、离子再生的氯化氢	刺激黏膜、皮肤
蓄电池组定期试验、维修	酸、氢的释出	化学烧伤、爆炸
除盐水生产系统(SDA)	酸、碱	刺激、烧伤
压空生产系统(SAT)	压缩空气	噪声、管线甩出
辅助锅炉	燃油	着火、烧伤

1. 核设施常用的危险品(铀浓缩工厂)

(1) 爆炸性气体

核设施中存在的爆炸性气体，主要是乙炔气。

乙炔气在核设施中主要用于乙炔气焊接和气割作业。

危险特性:不论是否与空气接触,都容易爆炸;高度易燃;微毒;窒息剂;麻醉和阻止细胞氧化而引起昏迷。

储存条件:储存于阴凉、干燥、通风良好的不燃材料结构的库房;远离火源、热源;与铜、汞及其盐类分隔。

安全作业:切勿近火;避免振荡和摩擦;防止静电。发生泄漏时,切断火源和热源;人员撤离并加强通风;控制泄漏。

消防方法:可用干粉或二氧化碳灭火;如可能,关闭气源并用冷水冷却容器。

(2) 易燃液体

核设施存在的易燃液体主要有油漆类、汽油、乙醇、丙酮等。

1) 油漆(含二级易燃溶剂的油漆、涂料及辅助溶剂)

危险特性:被着火的油漆烧伤;过浓的蒸汽对人有麻醉性和毒害性。

储存条件:储存于阴凉、干噪、通风良好的库房内;避免阳光直射及靠近热源处;可与漆类同存,但不得与氧化剂、酸类、强碱类等不同性质的物品同库储存。

安全作业:储存时,炎热夏季,库温不得超过 30 ℃,相对湿度不得超过 80%;库房要有通风措施;油漆类作业现场禁止任何火源和热源,不得穿带钉鞋和化纤服装;容器不得滚动、撞击,仅可用铜或铜合金工具。

消防方法:火灾时可用泡沫、干粉、二氧化氮、砂土扑救。

2) 汽油

危险特性:高度易燃;蒸汽能与空气形成爆炸混合物;对眼睛、黏膜和皮肤有刺激作用;在空气中浓度达到 30～40 mg/L 能引起人身中毒。

储存条件:储存于阴凉、通风良好的库房内;远离火源和热源;与氧化剂分离;避免日光直射。

安全作业:切勿近火;切勿吸入其蒸汽。泄漏时,迅速切断火源和热源;用砂土吸收并掩埋,对污染处洗涤并通风。

消防方法:用泡沫、干粉、二氧化碳灭火。

(3) 腐蚀性物品

核设施使用大量硫酸和氢氧化钠,使失效的阴阳离子交换树脂再生;盐酸用于除盐水系统;硝酸也用于废液处理系统。

1) 硫酸

危险特性:有腐蚀性;蒸汽强烈刺激眼睛、鼻、咽喉;可引起严重灼伤。

储存条件:储存于阴凉、通风的耐酸材料结构的库房内。

安全作业:佩戴适当的眼镜、手套和防护服;气体浓度高时佩戴呼吸保护器;现场提供洗眼器,如果沾染立即用水清洗。泄漏时切断火源和热源,穿好防护服和佩戴好呼吸保护器,用弱碱中和再用水稀释冲洗。

消防方法:用水、干粉或二氧化碳灭火,不得直接将水喷入硫酸;人员佩戴防毒面具和穿防护服。

2) 硝酸

危险特性:有腐蚀性,强烈刺激眼睛、鼻和咽喉;能引起严重灼伤;遇湿气或受热分解释出剧毒雾气。

储存条件：储存于阴凉、干燥、通风良好的、耐酸材料构成的库房内；远离火源热源；与不相容物质分离。

安全作业：佩戴适当的眼镜，穿戴防护服和手套，气体浓度高时佩戴呼吸器；现场提供洗眼器具。发生泄漏时，切断火源和热源；穿戴好防护服和呼吸保护器，用弱碱中和再用大量清水冲洗。

消防方法：用水灭火，灭火人员必须佩戴适当的防毒面具和穿防护服。

3）盐酸

危险特性：有腐蚀性，强烈刺激眼睛、鼻和咽喉；能引起严重灼伤。

储存条件：储存于阴凉、通风的耐酸材料构筑的库房内；远离火源和热源；与不相容物质分离存放。

安全作业、消防方法与硝酸相同。

4）氢氧化钠

危险特性：腐蚀性固体，刺激并能灼伤眼睛和皮肤，误食有害。

储存条件：储存于干燥、阴凉、通风良好的地方；与不相容物质分离。

安全作业：佩戴适当的眼镜和手套；切勿吸入粉尘；防止容器破损；受到污染时，脱去污染的工作服。发生泄漏或散溢时，用大量清水冲洗稀释后排入废水系统。

消防方法：用水灭火，灭火人员穿戴适当防护服以防灼伤。

（4）压缩气瓶

核设施主要用到以下的压缩气瓶：氢气、乙炔、氧气、氮气、二氧化碳、氩气、六氟化硫、氟利昂。

对于压缩气瓶的安全使用，应注意如下内容：

1）气瓶的识别

懂得与掌握识别气瓶的常识是安全使用气瓶的前提。

由于气瓶所充装的介质不同，在瓶的外表面漆上不同色泽与字样，以示区别（如表 2-25 所示）。

表 2-25　气瓶的识别

气瓶盛装的介质	外表颜色	字样	字样颜色
氢	深绿	氢	红
氧	天蓝	氧	黑
氨	黄	液氨	黑
氯	草绿	液氯	白
氮	黑	氮	黄
乙炔	白	乙炔	红

2）气瓶的定期检验

① 盛装一般气体的气瓶，每三年检验一次；

② 盛装惰性气体的气瓶，每五年检验一次；

③ 盛装腐蚀介质的气瓶，每两年检验一次。

3）气瓶使用中应遵守的规定

① 禁止敲击、碰撞；

② 禁止将气瓶放在烈日下暴晒，靠近火炉或其他高温热源；

③ 瓶冻结时，禁止用火烧烤；

④ 不得用高压蒸汽直接喷吹气瓶；

⑤ 瓶内气体不能用尽，必须留有余气，且要专瓶专用；

⑥ 开阀时要慢慢开启，防止升压过速；

⑦ 气阀及其他附件禁止沾染油脂，手、手套和工具沾染油脂时不要操作气瓶；

⑧ 每种气体要有专用减压器，氧气和可燃气体的减压器不能互用或减压器泄漏时不得继续使用；

⑨ 不得用电磁起重机搬运气瓶；

⑩ 盛装易起聚合反应气体的气瓶，不得置于有放射性的场所；保持气瓶颜色完好。

4）运输气瓶时应遵守的规定

① 旋紧瓶帽，轻装轻卸，严禁抛、滑、撞；

② 装在车上的气瓶应妥加固定，汽车装运时气瓶应横向放置，头部朝向一方，装车高度不得超过车箱高度；

③ 夏季要有遮阳设施，防止暴晒；

④ 车上禁止烟火，运输可燃、有毒气体气瓶时，车上应备灭火器材，防毒面具；

⑤ 易燃品、油脂和带有油污的物品不得与氧气瓶或强氧化剂同车运输；

⑥ 不得同车运输介质接触后能引起燃烧、爆炸的气瓶。

5）贮存气瓶的安全要求

① 堆放整齐，留有通道，妥善固定，不超过5层；

② 分室贮存介质接触后会引起燃烧、爆炸的气瓶；

③ 库房应符合消防规定；

④ 库房内禁止吸烟，保持良好通风。

2. 核设施常见的作业安全

(1) 金属焊接和切割

焊接作业是一项特种作业，作业人员必须专门进行安全技术培训，经考试合格后持证方可上岗作业。

1）电焊作业对人体的危害

① 电击事故；

② 电焊弧光和电热伤害；

③ 机械性外伤：高处坠落、眼外伤和砸伤；

④ 有害气体和烟尘的伤害：氧化物、含锰尘烟。

2）电焊作业的安全措施

① 电焊机构和安全装置良好：绝缘、保护性接地或接零；

② 焊接外露带电部分的良好隔离装置；

③ 空载电压高于规定值时采用空载自动断电装置；

④ 雨天禁止露天电焊作业；

⑤ 穿戴规定的防护用品：绝缘手套、绝缘工作鞋或加垫绝缘物。

3）禁止进行焊接作业的情况（十不准）

① 无证人员从事焊接作业的；

② 无动火证的；

③ 不了解焊接作业现场的；

④ 不了解焊接容器、管道内部是否安全的；

⑤ 未清洗、置换有可燃气、液体设备的；

⑥ 未采取隔离措施的；

⑦ 承压、密封容器管道未卸压、敞开的；

⑧ 附近有易燃、易爆物品而无任何措施的；

⑨ 有明显其他危险而无措施的；

⑩ 对附近其他工作有影响的。

（2）起重作业

铀浓缩级联大厅、水辅助厂房有单梁吊车，在供取料有双梁桥式吊车。

1）桥式起重机及其安全装置

桥式吊车由大车和小车两部分组成。大车包括桥梁、大车运行机构和司机室等；小车包括小车架、起升机构和小车运行机构等。此外，还有电器及控制设备。

为保证起重机的安全运行，装备有如下安全装置：

① 制动器在需停止动作时，能使其准确停电，制动器必须可靠；

② 限位开关有行程和起升限位两种；

③ 缓冲器吸收小车、大车与终点立柱相撞时的能量；

④ 超负荷限制器防止起重机超负荷作业；

⑤ 其他安全装置，包括信号、各种门锁开关、紧急开关、防护栏杆、防护罩、供电滑线的安全防护挡板和车轮安全防护档板等。

2）起重机的技术检验

起重机每1～2年需进行一次技术检验，未经检验或检验不合格的起重机，禁止使用。技术检验可分为无负荷试验、静负荷试验和动负荷试验三种。

3）起重机的主要附件

钢丝绳：安全系数一般不小于5.5，铀浓缩供取料厂房起重机使用频率较高，安全系数必须大于5.5。

吊钩：通常用20号优质碳素钢整体锻造而成，吊钩不得有裂纹、重皮、过烧、毛刺缺陷。铸造、焊接的吊钩不得在起重机上使用。

4）安全操作要求

驾驶人员必须按规程要求操作，做到“五好”“十不吊”。

五好：思想集中好，上下联系好，机器检查好，扎紧提放好，统一指挥好。

十不吊：斜吊不吊；超载不吊；散物装得太满不吊；吊扎不牢不吊；指挥信号不明不吊；吊物边缘锋利无防护措施不吊；吊物上站人不吊；埋在地下的构件不吊；安全装置失灵不吊；光线阴暗看不清吊物不吊，以及六级以上强风天气无防护措施不吊。

(3) 高处作业

凡在坠落高度距基准面 2 m 以上(含 2 m)有可能坠落的高处进行的作业,均为高处作业。

1) 高处作业人员身体要求

患有精神病、癫痫病、高血压、心脏病、精神不振及经医生鉴定患有其他不能从事高处作业的疾病的人员不得从事高处作业。

2) 在核设施有坠落危险的典型场所

① 高大设备顶部:贮罐、变压器、立式马达、悬空管道或泵、高大支架等;

② 梯子上的作业;

③ 坑边、水池边作业;

④ 竖井、孔洞有关的作业;

⑤ 高架线杆、线塔上的作业。

3) 高处作业人员防护用品要求和安全要求

防护用品的要求:

① 必须佩戴好安全带、安全帽并符合规范,穿软底鞋;

② 扎紧袖口、裤脚和鞋带;

③ 所有登高工具、高处作业工具必须合格。

高处作业的安全要求:

① 作业前采取可靠的安全措施;

② 尽量减少手脚攀登,采用升降平台,降低高处作业人员风险;

③ 用梯子登高时,梯子必须符合标准,并有人保护;

④ 为防止工具从高处落下发生意外,用工具袋携带,必要时将工具用绳拴在腕部或固定在高处;

⑤ 高处作业点设置工作平台和围栏,保证作业人员的安全;

⑥ 在作业点下方设置符合标准的安全网,等等。

(4) 厂房管理

1) 厂房管理不善带来的不安全问题

① 地面:孔洞,竖井坠落,地面滑倒,阻塞,绊倒;

② 室内:狭窄碰撞,凸物撞头,坠物打击;

③ 通道:阻塞,绊倒,杂物狼藉,擦伤;

④ 地坑:掀开盖板不及时回放,竖井不加围栏,造成坠落;

⑤ 照明:厂房照明不够,增加风险。

2) 厂房管理的方法措施

① 任何人员进入厂房,必须佩戴安全帽;

② 作业完毕,必须清理现场;

③ 脚手架按规定搭建,挂牌,用后拆除;

④ 固定梯子、楼梯有缺陷,及时修复,便携式梯子用后收回;

⑤ 竖井加围栏,地坑盖板及时复位;

⑥ 不得随意堆放物件,消防设施前不得堆放物件。

(5) 高温环境的作业安全

夏季温度较高，加之设备运行散发热量，造成环境温度高。长时间在高温环境下工作可能会引起中暑、脱水后果。

1) 在高温中工作要注意的事项

① 温度超过 40 ℃以上，需要有良好通风方可进入工作，并要根据身体情况轮流作业；

② 温度超过 60 ℃不允许进行工作。

2) 高温环境作业安全措施

① 开启固定通风，使用临时通风设备，如电扇、排风扇等；

② 保持足够的氧含量，特别在容器内，测氧含量达到 19%以上；

③ 局部降温。

(6) 噪声环境作业的安全

核设施某些区域的设备形成高噪声区域，如压缩机、泵站，排空放气等。

1) 噪声标准

现场噪声报警值 85 dB，危险值 95 dB(8 小时工作)。

2) 在噪声环境中工作要采取的措施

① 限制噪声源：使固定的防护设施处于良好状态(关闭压缩机房门、保全隔音装置等)；

② 在噪声较大的部位安装隔音装置；

③ 个人保护：佩戴必要的个人听觉保护设备(耳塞、防噪声耳罩)。

(7) 粉尘环境中作业的安全

核设施有些作业，如拆除作业(拆除保温层、土建作业等)和清扫作业等有粉尘危害。

在这类环境中作业主要采取个人保护措施，如佩戴过滤式呼吸保护器，必要时佩戴隔离式呼吸保护器等。

三、职业健康安全管理知识

(一) 职业健康安全基本知识

1. 全球职业健康安全形势

随着人类的工业化进程的推进，各类意外伤亡事故频发，根据国际劳工组织的统计数据，每年全球所发生的各类伤亡事故 2 亿多起。而全世界每年死于工伤事故和职业病危害的人数约为 110 万人，其中职业病引起的约为 25%。在这些工伤事故和职业危害中，中国、印度等发展中国家所占比例甚高，达到一半以上。

职业健康安全状况是国家经济发展和社会文明程度的反映，使所有劳动者获得安全与健康是社会公正、安全、文明、健康发展的基本标志之一，也是保持社会安定团结和经济持续、快速、健康发展的重要条件。

2. 我国安全生产现状

我国在改革开放过程中，经济发展突飞猛进，长期保持世人瞩目的高速增长，但是职业健康安全工作所面临的形势不容乐观，2006 年、2007 年和 2008 年各类事故死亡人数分别为 112 822 人、101 480 人和 91 172 人。事故死亡人数触目惊心，在国内外造成了极不良的影响。

安全生产事关劳动者的基本人权的和根本利益，工伤事故和职业病对人民群众生命与健康的威胁得不到解决，会使广大劳动者感到不满，当这些问题累积到一定程度和突发震动事件时，有可能成为影响社会安定、稳定的因素。

3. 定义

(1) 事故是指造成死亡、疾病、伤害、损坏或其他损失的意外情况。

(2) 危险源是指可能导致伤害或疾病、财产损失、工作环境破坏或这些情况组合的根源或状态。

(3) 危险源辨识是指识别危险源的存在并确定其特性的过程。

(4) 事件是指导致或可能导致事故的情况。

(5) 职业健康安全是指影响工作场所内员工、临时工作人员、合同方人员、访问者和其他人员健康和安全的条件和因素。

(6) 风险是指某一特定危险情况发生的可能性与后果的组合。

(二) 职业健康安全管理要求

近几年来，国际上职业健康安全管理水平和技能快速发展。而我国发展速度远落后于发达国家，与一部分新兴的发展中国也有很大差距，与国民经济发展速度很不相称，甚至有的成为了我国经济、社会发展的一个瓶颈。加入 WTO 后，对于中国经济界而言，遇到的最基本问题就是“公平竞争”，同时也包括环境保护和职业健康安全问题。

1. 国际安全卫生标准的要求

1995 年国际劳工组织(ILO)和世界卫生组织(WHO)明确了职业卫生的定义：“职业卫生必须以促进和维护各类职业中所有员工的最佳体力、脑力和社会福利为目的，预防因工作条件而影响职工的健康；保护职工免受工作环境中有害因素的影响；安置和维护职工在适于他的生理、心理能力的环境中工作；最终使工作适应于人，每个人适合于自己的工作。”

其主要目标为：

(1) 维护和促进职工健康和工作能力；

(2) 改善工作和工作环境，使其有利于安全与健康；

(3) 使劳动组织和劳动文化向促进健康源泉的方向发展。

2. 我国法律法规要求

2001 年《中华人民共和国职业病防治法》颁布并施行，提出了“职业病防治工作坚持预防为主、防治结合”的方针，实行“分类管理、综合治理”的原则。劳动者“依法享有职业卫生保护的权利”。用人单位“应当建立、健全职业病防治责任制，加强对职业病防治的管理，提高职业病防治水平，对本单位产生的职业病危害承担责任”。

2002 年《中华人民共和国安全生产法》颁布并施行，明确了“安全生产管理，坚持安全第一、预防为主的方针”。生产经营单位“必须遵守本法和其他有关安全生产的法律、法规，加强安全生产管理，建立、健全安全生产责任制度，完善安全生产条件，确保安全生产”。生产经营单位的从业人员“有依法获得安全生产保障的权利，并应当依法履行安全生产方面的义务”。

3. 工作场所的安全原则

(1) 使得工作人员了解可能存在的危险和潜在危害；

(2) 工作人员必须经过安全培训，掌握安全操作程序；

(3) 必须建立安全监督机制，督促工作人员按照制度要求实施操作过程；

(4) 工作环境符合安全卫生要求，设备、机器和物体符合安全运行要求，配备安全保护装置；

(5) 工作人员配备个人防护用品。

(三) 核设施职业健康安全管理主要方式

1. 识别并评价危险源及风险

对于作业场所的各类危险因素进行辨识，确认主要作业现场的风险源，按照风险等级进行分类，制定相应的管理方案。

2. 职业健康安全管理的基本方式

(1) 定期监测

遵照国家《工作场所有害因素职业接触限值》(GB/T 15236—1994)、《职业病目录》和《职业病危害因素分类目录》，于每年年初对各单位接触职业危害的作业场所进行详细调查，建立档案，制定监测计划，聘请具有国家资质的检测单位进行定期监测，对超标点立即下发《卫生监督意见书》，实施改进措施，并验证整改情况。

(2) 日常管理

严管、勤查、重处是发现职业危害的有效途径，也是堵塞管理漏洞、落实整改措施、改善劳动条件、搞好职业卫生的重要手段。对有毒有害作业场所实施 24 小时动态检查和“严、实、狠”的管理，严格按照技术规范和管理制度，检查职业卫生防护设备、应急物资的配置、劳动防护用品的使用和作业人员的操作，对查出的问题，及时通过简报要求各单位制定有效的纠正和改进措施，对比较严重的隐患和管理缺陷，下发专项整改(整治)通知，并对落实情况进行追踪验证，促使问题的整改合格率达 100%。

(3) 健康体检

严格按照《使用有毒物品作业场所劳动保护条例》(国务院第 352 号令)和《职业健康监护管理办法》(卫生部第 23 号令)要求，每年一次组织接触职业危害因素的员工进行定期健康检查，保证有毒有害作业岗位员工健康体检率达 100%。对体检中发现员工受到职业危害的，立即发放《职业健康体检通知书》，书面通知人力资源部及病人所在单位，实施监护管理和医学观察；对有职业禁忌症的，及时治疗并调整岗位。专门给这部分员工建立相应的档案，并定期组织健康复查，为员工筑起坚实的健康防线，杜绝职业病和重大职业危害事故的发生。

(4) 将职业危害及时告知员工

企业对员工负有职业危害告知的义务，安排有害作业新上岗员工时，公司人力资源部书面通知其职业危害工种，并经工卫医疗管理部进行职业病防治知识培训，考核合格后方能上岗；在日常管理中，公司和所属的各单位通过组织学习、设置提示、警告标识、制定《岗位安全生产须知卡》等形式，让员工及时了解、掌握其所在岗位的职业危害因素的种类、危害程度、危害后果及其防护措施，提高员工自我保护意识。

3. 职业健康安全控制

(1) 非放射性职业健康安全控制

针对不同的危险因素，依据国家法律、法规和标准，制定相关管理程序，明确各自的职责和相应的措施、方案。

对发现的危险因素建立隔离措施,如转动设备配置防护罩,高于 60 ℃的设备进行隔热保温防护,高压管道设置安全阀等超压保护装置,消防重点部位设置火灾探测报警和灭火设备,有毒有害场所建立通风、排风装置等。

通过职业健康安全危险因素辨识,对于存在危险因素的作业场所进行标识,使作业人员了解作业区域的危险因素。

作业人员个人防护也是保护工作人员非常重要的手段,如进入生产厂房佩戴安全帽、防砸鞋、安全手套等,作业人员高温作业场所穿着防烫隔热服装等,有毒有害气体作业区佩戴防毒面罩等。

(2) 放射性职业健康安全控制

电离辐射和放射性物质一直就存在于人们周围的环境中,自古以来,人类就受到天然存在的各种电离辐射源的照射。电离辐射在医学诊断、科学研究、能源、工业、农业、地质、考古等领域有广泛应用。人们在通过电离辐射技术获益的同时,也发现了辐射对人的危害。如何控制或降低职业中放射性危害,一直是核行业职业健康安全管理的重点内容之一。

判断放射性职业健康安全的重要指标是工作人员接受辐射剂量的大小,其为辐射源剂量率与接触时间的乘积,降低作业场所剂量率和缩短时间成为重点工作内容。具体的辐射防护措施参见前面章节。

四、现场急救

(一) 现场急救

1. 什么是现场急救

现场急救就是在救护车、医务人员或其他适当的专业人员到达之前,给受伤者或疾病突发者施行及时的帮助和治疗。急救人员必须冷静,充满信心。同时,最为重要的是:无论何时何地,只要有需要,都应施以援手、进行救助。对伤者来说,他的生命也许就取决于能否在事故发生后几分钟内得到适当的急救措施。除了挽救生命外,这或许也能避免更严重的后遗症。

2. 进行现场急救的必要性

人类在享受现代文明的同时,也面对着灾难事故的阴影。意外灾害在近 20 年来有进一步发展的趋势。新中国成立以来,我国唐山、云南、张家口、汶川、玉树地区发生地震,火车脱轨相撞、飞机失事、沉船落水、大桥断裂、油库失火、森林大火也此伏彼起,造成大量人员伤亡及财产损失。人类渴求社会安定,向往健康长寿。当代急救医学的专家已经把重点转向了对灾难医学的研究。这种变化,预示着在急救机构的组织运作方式、人员技术和装备上,必须有较大的相应变化。

急救医学在 20 世纪 60 年代以前没有一个完整体系,而现代急救医学的形成可谓是一次重大变革及至革命。其特点如下:

(1) 专业急救机构已由医疗卫生部门扩展到多功能的救护机构,相互渗透,具备了在现场开展及时有效的脱险救治并在医学监护下运送病人的能力。

(2) 专业急救机构由城市、地区的若干个单一组织逐步联合协作,形成了城市、地区的专业急救医疗服务系统,社会"大救援"观念正在形成。

(3) 为国际救援机构创造了条件,因而出现了跨洲越洋距离的急救运输。急救社会化、结构网络化、抢救现场化、知识普及化必将成为新世纪急救、灾难医学发展的趋势。

(4) 社会已较全面充分地评估了现代急救医学与人类生活、生产的关系,从而给予有力的支持,在传统的红十字会员救治活动中,出现了方兴未艾的救援活动的"志愿者"。

(5) 此起彼伏的灾害事故,使灾害救援医学充实了急救医学的内容,并形成其院外救援医学的特色。

(6) 急救医学的学术内容,主要由院外急救包括灾害医学及医学监护运输、院内急诊、院内危重症监护医学等学科融合形成,由于院内急诊、危重病监护有其自己独立的和已较规范的学科体系,尤其有着与院外环境不同的工作条件,因此急救医学的院外部分是现代急救医学的主体部分。

目前在全球范围内存在着多种急救医护模式,其中主要有两种模式,即英美模式和法德模式。英美模式:主要急救方式是"把病人送到医院",其观点是病人被送到以医院为基础的急诊科,从而得到更好的医护。参与抢救的都是医务人员,急诊医生、护士及麻醉师等。近些年来,西方发达国家的院外救援工作多以消防机构(Fire Dept.)中受过一定医学训练的消防救险人员组成,如急救医助(Paramedic)、急救技士(EMT),他们既有医学知识又有救援本领,在意外伤害、灾难事故的现场救护中发挥很好的作用。同时,平时在社会上应大力普及急救知识和技能,有更多的"第一目击者"(First Responder)在紧急情况下发挥作用。"第一目击者"就是在事故现场的可能对受伤人实施救助的人。而急救中起着重要作用的救护车、直升机,已不仅仅是运输病人的工具,也是抢救病人的场所,即所谓"流动的急诊室"。目前,我国就是采用美英急救医疗模式,其他的国家还包括澳大利亚、加拿大、以色列、日本、新西兰、韩国等。还有一种就是法德模式,主要急救方式是"把医院带到病人家中"。技术人员或护理人员到某一个有关地点对患者实施急诊治疗。医生大多是麻醉师,他们所采取的急救手段多为救生和止痛。医生没有受过很好的培训和监管,因此没有那样的质量保证;患者急诊治疗时间长、存活率低。

创伤死亡分为三个高峰。第一高峰:损伤后几秒到几分钟。常见于脑、脑干、高位脊椎损伤、心脏外伤、主动脉或其他大血管断裂,很少存活。第二高峰:伤后几分钟到几小时之内。这是医院内急救的主要焦点。常见的外伤有硬膜下和硬膜外血肿、血气胸、脾破裂、骨盆骨折或其他严重出血的多发伤。第一小时主要是快速评估伤情和液体复苏。为了把握第一小时的治疗,许多研究者强调时间的重要性,称伤后第一小时为黄金时刻。第三高峰:伤后几天到几周。最常见于感染和多器官功能衰竭。因此,大部分这类病人在ICU进行监护治疗。

以上是对现代急救医学状况的初步认识,这也是对于我们非医务人员学习急救知识之前所首先需要了解的。

(二) 事故现场的处理

1. 事故现场的急救步骤

现场急救需要注意点什么呢?这是非常重要的一点,不然在救不了别人的同时还把自己也给搭进去。

(1) 判断情况

在现场救助伤者,首要的问题是评估现场是否有潜在的危险以及可使用的工具、用品和必须的帮助。如有危险,应尽可能解除。例如,在交通事故现场设置路障,在火灾现场需防止房倒砸伤。还要注意到意外事故的成因,防止继发意外发生。

(2) 确保安全

救援人员都需要进行适当的防护。这一点非常重要! 特别是把患者从严重污染的场所救出时,救援人员必须加以预防,避免成为新的受害者。

(3) 提供急救

应将受伤人员小心地从危险的环境转移到安全的地点。

应至少 2~3 人为一组集体行动,以便互相监护照应,所用救援器材必须是防爆的。

急救处理程序化,可采取如下步骤:先除去伤病员污染衣物—然后冲洗—共性处理—个性处理——转送医院。

处理污染物。要注意对伤员污染衣物的处理,防止发生继发性损害。

(4) 求助

可以让其他人协助你进行急救并求助。

2. 正确拨打应急电话

(1) 主要的应急电话

医疗急救:120;火警电话:119;匪警电话:110;交通事故:122。

所有公用电话都可以免费拨打应急电话,磁卡、IC 卡电话都无需插卡。

(2) 拨打应急电话的注意事项

1) 无论何时,只要有伤病者,就应要求救护车。

2) 先想一想,再打电话,清晰简洁地说明情况:

① 自报姓名及自己的电话号码。

② 事故的确切地点。尽可能指出道路名称、门牌号码或近处的交叉路口及其他的醒目标志。

③ 事故的性质和严重程度。

④ 伤病者的人数、性别、大致年龄以及症状、伤情、严重程度等。

⑤ 清楚地说明危险事物及隐患,如煤气、危险品、电线破损,还要说明相关的天气情况,如雾、雨、冰雪等。

⑥ 不要惊慌失措,不要先挂断电话,直到值班员挂线为止。

3) 如果让别人打电话,应确保其了解事故的严重性,并要他报告打电话的详情。

4) 打完电话后,如果需要,安排人到明显的地方迎接救护车,并为救护车指路。

(三) 常用急救术

1. 控制严重出血

(1) 出血

分为内出血和外出血。内出血应立即拨打 120 急救电话,让医生来处理,而大部分外出血的止血每个人都可以进行。

从动脉流出的血鲜红且呈喷射状,从静脉流出的血暗红而呈涌出状。

严重外出血不仅血量大而且使人痛苦，这或许会分散你对急救顺序的注意。切记复苏术的 3 个步骤。

人体一旦失血太多，典型的表现为面色苍白、出汗，血压就会下降，从而危及脑和其他重要器官的血液供应。因此严重的失血十分危险，必须立即止血，并拨打 120 急救电话。

看到大量的流血会使人恐惧，注意安慰伤病者，让其保持镇定。

洗干净手，如果可能，应尽量使用手套；如果本人有创伤或外伤，应用防水胶布贴住，尽量避免直接接触伤病者血液。

(2) 止血时的注意事项

谨慎使用止血带，因其可能会加剧出血，并可能会导致组织受损甚至坏死。

不要试图清洁大的伤口，这可能造成严重出血。

不要试图取出伤口内较大的异物，这会造成更严重的伤害和出血。

不要在已经控制了出血后试图清洁伤口，把这些工作留给医护人员。

2. 搬运术

搬运伤员可根据伤病员的情况，因地制宜，选用不同的搬运工具和方法，搬运时注意搬运体位，动作要轻且迅速，避免震动，尽量减少伤员痛苦。

搬运术原则：

(1) 除非迫不得已，不要移动伤病者。

(2) 确保自己的安全。

(3) 永远要假设伤病者头部、颈部或背部受伤。

(4) 对于颈部或背部受伤，或者严重受伤的伤病者，千万不要移动他。除非有危及生命的情况，如火灾、毒气、浓烟或即将倒塌的建筑。

(5) 搬运伤病者时，尽量保持伤病者的头部、颈部、背部位置固定与身体笔直。

(6) 尽量不要一个人移动伤病者。如果可能，找人帮助一起搬运，让最有经验的人作指挥。

(7) 搬运前确保伤口已包扎固定。

(8) 正确利用身边的器具，如椅子、门、大衣、毯子、浴巾、棉布等。

(9) 不当的搬运方法可能会造成严重的损伤。

(10) 如果没有帮助，应鼓励伤病者扶着你或其他物体自己行走。除非身处险境，尽量不要一个人移动伤病者。

第五节　工程流体力学及热工学基础知识

一、工程流体力学知识

(一) 重要物理常数

1. 常用标准物理常数

绝对零度　$T=-273.15\ ℃$

阿伏加德罗常数　$N_A=6.022\times10^{23}\ \text{mol}^{-1}$

通用气体常数	$R=8.314\ J/(mol\cdot K)=62.36\ mmHg\cdot L/(mol\cdot K)$
玻耳兹曼常数($k=R/N_A$)	$k=1.380\ 658\times10^{-23}\ J/K$
重力加速度	$g=9.806\ 65\ m/s^2$
标准大气压	$p_0=101\ 325\ Pa$
水银密度	$\rho=13.595\ 04\times10^3\ kg/m^3$

2. 各种气体绝热指数(k,无量纲)

各种气体绝热指数见表 2-26。

表 2-26 各种气体绝热指数

气体	氢气	氮气	水蒸气	空气	UF_6
分子量	2.015 6	28.016	18.016	28.960	352
k	1.41	1.40	1.30	1.40	1.063

3. 黏性系数(或称动力黏度)

符号为 μ_0,单位为泊。

标准大气压下空气、水、UF_6的黏性系数见表 2-27。

表 2-27 标准大气压下空气、水、UF_6的黏性系数 $\times10^{-5}$ P

温度 \ 流体	空气	水	UF_6气体
0 ℃	17.09	1 792	16.7
20 ℃	18.08	1 005	17.5

(二) 常用流体力学公式及概念

1. 理想气体状态方程

$$PV=nRT=\frac{M}{\mu}RT \tag{2-1}$$

式中:P——气体压力;

V——气体体积;

n——物质的量;

R——通用气体常数;

M——气体质量;

μ——气体摩尔质量;

T——气体温度(K)。

2. 气体分子运动基本方程

(1) 气体分子最可几速度 $$v_P=\sqrt{\frac{2kT}{m}} \tag{2-2}$$

(2) 气体分子算术平均速度 $$\overline{v}=\sqrt{\frac{8kT}{\pi m}} \tag{2-3}$$

（3）气体分子均方根速度　　$\sqrt{\overline{v^2}}=\sqrt{\dfrac{3kT}{m}}$　　（2-4）

（4）压强公式　　$pV=\dfrac{1}{3}Nm\overline{v^2}$　　（2-5）

式中：k——玻耳兹曼常数；

m——气体分子的质量；

T——气体温度，K；

p——气体压力；

V——气体体积；

N——气体分子个数；

v——气体分子运动速度。

3. 不可压缩流体伯努利方程

$$p_1+\rho gh_1+\frac{1}{2}\rho v_1^2=p_2+\rho gh_2+\frac{1}{2}\rho v_2^2 \tag{2-6}$$

式中：p_1，p_2——流体在管道 S_1、S_2 截面处的静压力；

ρ——流体密度；

v_1，v_2——流体在管道 S_1、S_2 截面处的运动速度；

h_1，h_2——S_1、S_2 截面相对水平面的高度；

g——重力加速度。

4. 雷诺数

$$Re=\frac{\rho vD}{\mu_0} \tag{2-7}$$

式中：ρ——流体密度；

v——流体平均流速；

D——管道直径；

μ_0——黏性系数。

对于定常管流，质量流量 $G=\rho vF$（F 为管道截面积）为常数。

$$Re=\frac{GD}{F\mu_0}=\frac{4G}{\pi\mu_0 D}$$

5. 流体运动的雷诺判据（管流）和沿程阻力系数 λ（无量纲）

层流：$Re<2\,300$，$\lambda=\dfrac{64}{Re}$；

紊流：$4\times10^3<Re<10^5$，$\lambda=\dfrac{0.316\,4}{Re^{0.25}}$；

$10^5<Re<3\times10^6$，$\lambda=0.003\,2+0.221Re^{-0.237}$。

6. 局部阻力系数 ξ(无量纲)

(1) 直角扩大段的局部阻力系数

表 2-28 直角扩大段的局部阻力系数

F_1/F_2	0.1	0.2	0.3	0.4	0.5	0.6	0.7	0.8	0.9	1.0
ξ	0.81	0.64	0.49	0.36	0.25	0.16	0.09	0.04	0.01	0

表中符号 F_1、F_2分别为来流和去流截面面积。

(2) 直角缩小段的局部阻力系数

表 2-29 直角缩小段的局部阻力系数

F_2/F_1	0.01	0.1	0.2	0.3	0.4	0.5	0.6	0.7	0.8	0.9	1.0
ξ	0.5	0.47	0.45	0.38	0.34	0.30	0.25	0.20	0.15	0.09	0

表中符号 F_1、F_2分别为来流和去流截面面积。

(3) 弯头及三通

a) $R \approx D$ 时,$\xi=0.21$

b) $\xi=0.04$

c) $\xi=1.2$

d) $\xi=0.786$

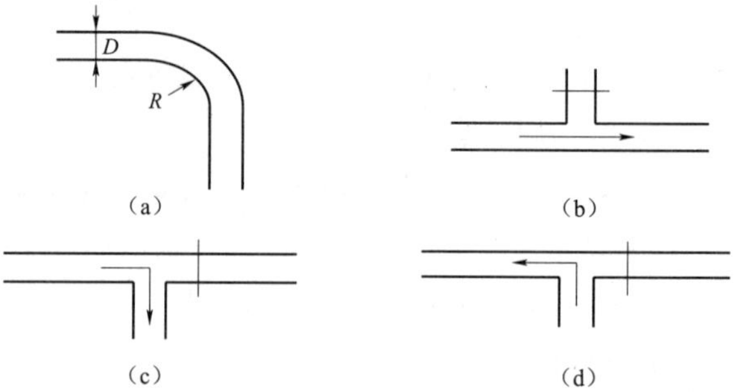

图 2-42 弯头及三通

(4) 当量长度(n):即将局部阻力转换为沿程阻力的折算系数。局部阻力对应当量长度 n:表示此局部阻力与长度为(n_D)的管道沿程阻力相当。管道及阀门的当量长度见表 2-30。

表 2-30 管道及阀门的当量长度

部件	当量长度
管道入口处	18
肘管(曲率半径约等于管道直径)	20
肘管(曲率半径等于管道直径的 2～8 倍)	10
直角肘管	50
三通管(转弯时)	60～90
三通管(直流时)	10
闸门阀	6～8
角阀	40
直角球心阀	90

7. 流动阻力计算(定常管流)

$$p_1^2 - p_2^2 = C \quad G^2 = \left(\sum \xi + \lambda \frac{L}{D}\right)\frac{RTG^2}{\mu F^2} \tag{2-8}$$

式中:p_1、p_2——分别为管道进、出口压力,Pa;

$\sum \xi$——局部阻力系数之和;

λ——沿程阻力系数；
L——管道长度，m；
D——管道直径，m；
R——通用气体常数，值为 8.314 J/(mol·K)；
T——流体温度，K；
μ——流体分子量，kg；
F——管道横截面积，m^2；
G——管道中流体质量流量，kg/s。

8. 声速和孔板声速条件

(1) 声音在介质中的传播速度称为声速，以 a 表示。

对于完全气体可以导出 $a=\sqrt{\dfrac{kRT}{\mu}}$，式中：$R$ 为通用气体常数[8.314 J/(mol·K)]；k 为绝热指数；T 为气体温度；μ 为摩尔气体质量，kg/mol。对于空气，在 20 ℃时，声速为 343 m/s。

$M=v/a$（v 为气体流速），称为当地马赫数。

(2) 孔板前滞止状态下声速、温度、压力、密度分别为：a_0，T_0，p_0，ρ_0；临界状态下（即声速处）声速、温度、压力、密度分别为：a^*，T^*，p^*，ρ^*；各参量之间的关系如下：

$$\frac{a^*}{a_0}=\sqrt{\frac{2}{k+1}},\ \frac{T^*}{T_0}=\sqrt{\frac{2}{k+1}},\ \frac{p^*}{p_0}=\left(\frac{2}{k+1}\right)^{\frac{k}{k-1}},\ \frac{\rho^*}{\rho_0}=\left(\frac{2}{k+1}\right)^{\frac{k}{k-1}}$$

式中，k 为气体绝热指数。

定义 $\beta_{kp}=\dfrac{p^*}{p_0}=\left(\dfrac{2}{k+1}\right)^{\frac{k}{k-1}}$ 为临界压力比；对于 UF_6，$\beta_{kp}=0.592\ 6$。

对于孔板，当 $\beta=\dfrac{p_{孔板后压力}}{p_{孔板前压力}}$ 时，孔板中的气体才能加速到声速。

9. 孔板系数

声速条件下通过孔板的气体质量流量

$$Q_m=\rho^* v^* A^*=\rho^* a^* A^*=\frac{\pi}{4}\left(\frac{2}{k+1}\right)^{\frac{k+1}{2(k-1)}}\sqrt{\frac{k\mu}{RT_0}}\,p_0 d^2 \tag{2-9}$$

式中 d 为孔板孔直径。上式简记为 $Q_m=k_k pd^2$，k_k称为孔板系数。

孔板系数与气体特性和温度有关，对于同一孔板，不同气体的孔板系数不一样。

若压力 p_0以 mmHg 计，d 以 cm 计，Q 以 g/s 计，则

$$k_k=13.3\times\frac{\pi}{4}\left(\frac{2}{k+1}\right)^{\frac{k+1}{2(k-1)}}\sqrt{\frac{k\mu}{RT_0}} \tag{2-10}$$

对 UF_6，$T_0=20$ ℃时，$k_k=7.789\times10^{-2}$ g/(s·mmHg·cm^2)。

实际使用中，孔板系数由试验确定，俄方规程规定的孔板系数试验值是（对所有俄方提供的孔板）：$k_k=7.25\times10^{-2}$ g/(s·mmHg·cm^2)

我厂在孔板试验中测得平均值为：$k_k=7.35\times10^{-2}$ g/(s·mmHg·cm^2)

10. 椭圆面积计算

$S=\pi ab$，其中 a、b 分别为椭圆的长半轴和短半轴。

11. 球体体积

$$V=\frac{4}{3}\pi R^3 \tag{2-11}$$

其中 R 为球半径。

12. 椭球体积

$$V=\frac{4}{3}\pi abc \tag{2-12}$$

其中 a、b、c 分别为椭球体的半轴长度。

13. 旋转椭球体体积

a、b 分别为椭球体的半轴长度，$2a$ 为旋转轴时

$$V=\frac{4}{3}\pi ab^2 \tag{2-13}$$

$2b$ 为旋转轴

$$V=\frac{4}{3}\pi a^2 b \tag{2-14}$$

二、热工基础知识

(一) 基本状态参数

为了描述气体在各种状态下的特征，必须用某些物理量来确定和描述气体的性质，这些物理量称为气体状态参数。最常用的气体基本状态参数是温度、压力和体积。

1. 气体的温度

温度表示的是物体冷热程度，它是物体分子运动剧烈程度的宏观体现。表示温度的标度称为温标，常用的有摄氏温标(℃)、开氏温标(K)和华氏温标(F)，通常称为摄氏温度、开氏温度和华氏温度，它们之间的换算关系为：

$$t_c=\frac{5}{9}(t_F-32) \tag{2-15}$$

$$T=t_c+273.15 \tag{2-16}$$

式中：t_c——摄氏温度，℃；

t_F——华氏温度，F；

T——开氏温度，K。

2. 气体的压强

气体的压强表示气体作用在容器器壁单位面积上的压力，是气体分子对器壁碰撞的宏观体现。在工程上把单位面积上所受的垂直作用力称为压力(强)。用公式表示为：

$$p=\frac{F}{S} \tag{2-17}$$

式中：p——压力(强)，Pa；

F——力，N；

S——面积，m^2。

在工程上过去常用工程大气压(kgf/cm^2)：1 kgf/cm^2=0.098 1 MPa。

3. 气体的体积

气体的体积表示气体分子所能达到的空间或者说是气体分子运动范围所具有的空间体积。常用单位米^3(m^3)、升(L)、毫升(ml)。其中米^{3}是国际单位。

(二) 热力学基本概念

热力学是从宏观角度研究物质的热运动及其规律的学科。它与统计物理学分别构成了热学理论的宏观和微观两个方面。

1. 热量、比热容、功、功率概念

热量是指在热力系统与外界之间依靠温差传递的能量。热量是一种过程量,所以热量只能说“吸收”“放出”,不可以说“含有”“具有”。热量传递过程称为热交换或热传递。热量的单位为焦耳(J)。

比热容,旧称比热,亦称比热容量。是热力学中常用的一个物理量,表示物体吸热或散热能力。比热容越大,物体吸热或散热能力越强。它是单位质量的某种物质升高或下降温度所吸收或放出的热量。其国际单位制中的单位是焦耳每千克开尔文[J/(kg·K)]。

功是物理学中表示力对物体作用的空间的累积的物理量,功是标量,其大小等于力与其作用点位移的标积,国际单位制单位为焦耳(J)。

功率,单位时间内所做的功叫功率。功率是表示物体做功快慢的物理量,国际单位为瓦特(W)。

2. 物质的状态变化

在物理学上,我们把从一种状态变化到另一种状态的过程,叫做物态变化。物质在吸热或放热时,除了温度变化外,还有状态的变化。气体变成液体的过程称为冷凝(或液化);液体变成固体的过程称为凝固;固体变成液体的过程称为熔解;固体变成气体的过程称为升华;气体变成固体的过程称为凝华;液体变成气体的过程称为汽化。汽化有两种形式:蒸发和沸腾。在任何温度下,液体外露表面的汽化过程称为蒸发。物质在蒸发过程中,要从周围介质中吸收热量。在一定的温度(沸点)下,液体内部和表面同时发生剧烈的汽化过程称为沸腾。这时,液体内部形成许多小气泡上升至液面,迅速汽化并吸收周围介质的热量。在制冷技术中,制冷剂在蒸发器内不断吸收周围空气或水的热量,由液体变成气体,实际上就是沸腾,但习惯上称为蒸发,相应的换热器称为蒸发器。物质的状态变化见图 2-43。

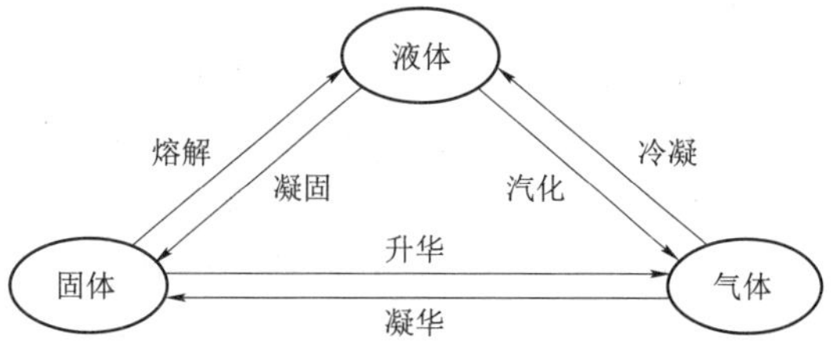

图 2-43 物质状态变化图

通常情况下,物质在状态变化过程中伴随着吸热或放热现象,这种形式的热量统称为潜热,如熔解热、凝固热、汽化热、液化热、升华热和凝华热。

在热工系统中,研究物质在低温和高温条件下的状态变化很有意义。

3. 饱和蒸汽压

装在密闭容器里的物质,在一定的温度下,从物质(液态或固态)表面出去的分子数和回到表面的分子数相等,其中气体的相对分子数不再增加或减小的状态称为饱和状态,当时的气体压力称为饱和蒸汽压。

4. 临界温度与临界压力

简单的说,临界温度就是某种气体能压缩成液体的最高温度,高于这个温度,无论多大压力都不能使它液化。这个温度对应的压力就是临界压力,此时,液、气两相呈平衡状态的点叫临界点。每一种气体都有一临界点。

5. 理想气体

气体系统的整个状态,即包含有大量分子的状态叫做宏观状态。单个气体分子所处的状态叫做微观状态。宏观状态是微观状态变化的反应。

由于实际气体状态的影响因素较多,讨论问题往往比较复杂,为便于研究气体状态变化规律,物理学上定义了理想气体这一概念。从宏观上来讲,把在任何情况下都能够严格遵守玻意耳-马略特定律、查理定律和盖-吕萨克定律的气体称为理想气体。

6. 热力学第一定律

热力学第一定律(能量守恒定律):热量可以从一个物体传递到另一个物体,也可以与机械能或其他能量互相转换,但是在转换过程中,能量的总值不变。它是自然界的一个普遍规律,是对参与热力学过程的各能量之间量的关系进行分析的基本依据。在工程热力学范围内,热力学第一定律可以表述为系统从外界吸收的热量(Q)等于系统内能(E)的增量和系统对外做的功(A)之和。在制冷技术中,它可确定制冷循环中各种能量在转换过程中的数值,制冷系统与外界交换的主要形式是做功和能量传递。

$$Q=E_2-E_1+A \tag{2-18}$$

对于一个无限小的过程,即初、末平衡态相距很近的过程:

$$\mathrm{d}Q=\mathrm{d}E+\mathrm{d}A \tag{2-19}$$

系统对外做的总功就是

$$A=\int \mathrm{d}A=\int_{V_1}^{V_2} p\,\mathrm{d}V \tag{2-20}$$

其中 V_1、V_2为做功始末状态的气体体积。

7. 热力学第二定律

热力学第二定律表述为:不可能把热从低温物体传到高温物体而不产生其他影响,或不可能从单一热源取热使之完全转换为有用的功而不产生其他影响。它是自然界的一个普遍规律,是对参与热力过程的各能量之间量的关系进行分析的基本依据。

热力学第二定律阐述了传热的方向,但没有涉及传热形式和具体过程。热量从高温物体(或空间)向低温物体(或空间)传递的过程是很复杂的,其基本形式有三种,即传导、对流和辐射。

(三)传热方式

传热工程技术是根据工业生产和科学实践的需要而蓬勃发展起来的先进科学与工程技术,在航空航天、核能、电力、冶金、动力机械、石油、化工建筑、低温等许多领域发挥极其重要的作用,其主要任务是根据工业生产和科学实践的要求来控制和优化热量传递过程。

1. 热传导

物体各部分温度不同时,热量从物体的一部分传递到另一部分,或者温度不同的物体接触时,热量从温度高的物体传递给温度低的物体的过程,称为传导。传导是在固体、静止液体或气体中分子振动而引起的传热现象。热传导总是在温度降低的方向上发生，而且是固体中唯一可能发生的传热现象。

下面讨论单层平壁的热传导，如图 2-44 所示。两个平行壁面之间的距离为 δ，两壁面之间的温差为：

$$\Delta t = t_1 - t_2$$

考虑的导热面积为 A，则单位时间里通过平壁的热量为：

$$Q = A\,\frac{\lambda}{\delta}(t_1 - t_2) = A\,\frac{\lambda}{\delta}\Delta t \tag{2-21}$$

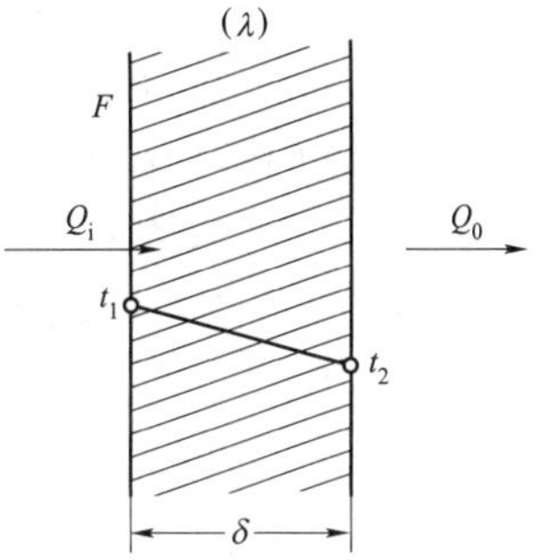

图 2-44　单层平壁导热

式中：Q——导热热流，J/h；

A——面积，m^2；

λ——平壁的导热系数，J/(m·h·K)；

δ——平壁厚度，m；

$\Delta t = t_1 - t_2$——温差，K。

如果用单位面积的导热量，则上式为

$$q = \frac{Q}{A} = \frac{\Delta t}{\delta/\lambda} \tag{2-22}$$

式中：q——热流，J/(h·m^2)；

δ/λ——导热热阻，m^2·h·K/J。

对于通过无内热源的多层平壁的稳态传热过程，利用热阻的概念，且层与层之间无接触热阻，多层平壁传热流的计算公式为：

$$Q = Ak\Delta t \tag{2-23}$$

其中：

$$k = \frac{1}{\dfrac{1}{h_1} + \sum\limits_{i=1}^{n} \dfrac{\delta_i}{\lambda_i} + \dfrac{1}{h_2}}$$

式中：Q——导热热流，J/h；

A——面积，m^2；

λ_i——第 i 层平壁的导热系数，J/(m·h·K)；

δ_i——第 i 层平壁厚度，m；

$\Delta t = t_1 - t_2$——最终温差，K；

n——平壁的层数；

h_1、h_2——表面传热系数。

对于通过无内热源的多层不同材料的圆管的稳态传热过程，利用热阻的概念，且层与层之间无接触热阻，多层圆管热流的计算公式为：

$$Q = k\Delta t \tag{2-24}$$

其中：

$$k = \frac{1}{\dfrac{1}{\pi d_1 l h_1} + \sum\limits_{i=1}^{n} \dfrac{1}{\dfrac{1}{2\pi\lambda_i l}} \ln\dfrac{d_{i+1}}{d_i} + \dfrac{1}{\pi d_{n+1} l h_2}}$$

式中：Q——导热热流，J/h；

A——面积,m^2;

λ_i——第 i 层平壁的导热系数,J/(m·h·K);

d_i——第 i 层圆管外径,m;

$\Delta t = t_1 - t_2$——最终温差,K;

n—平壁的层数;

h_1、h_2——表面传热系数;

d_1、d_{n+1}——圆管内、外径,m;

l——管长,m。

2. 热对流

热对流是指由于流体的宏观运动使温度不同的流体相对位移而产生的热量传递现象。在日常生活和生产实践中,经常遇到流体和它所接触的固体表面之间的热量交换,如锅炉水管中的水和管壁之间、室内空气和暖气片表面及墙壁面之间的热量交换等。当流体流过物体表面时,由于黏滞作用,紧贴物体表面的流体是静止的,热量传递只能以导热的方式进行。离开物体表面,流体有宏观运动,热对流方式将发生作用。所以,流体与固体表面之间的热量传递是热对流和导热两种基本传热方式共同作用的结果,这种传热现象在传热学中称为对流换热。

1701 年,牛顿提出了对流换热的基本计算公式,称为牛顿冷却公式:

$$Q = Ah(t_w - t_f) \tag{2-25}$$

式中:Q——导热热流,J/h;

A——面积,m^2;

h——表面传热系数,J/(m^2·h·K);

t_w——固体壁面温度,K;

t_f——流体温度,K;

表面传热系数习惯上称之为对流换热系数,其大小反映对流换热的强弱,它不仅取决于流体的物性(热导率、黏度、密度、比热容等)、流体的形态(层流、湍流)、流动的成因(自然对流或受迫对流)、物体表面的形状和尺寸,还与换热时流体有无相变等因素有关。

3. 热辐射

普通物理学中,辐射是指物体受某种因素的激发而向外发射辐射能的现象。有多种因素可以诱使物体向外发射辐射能。由于物体内部微观粒子的热运动(或者说由于物体自身的温度)而使物体向外发射辐射能的现象称之为热辐射。目前,对辐射现象的解释有两种理论:经典的电磁理论认为,辐射能是由电磁波传输的能量;量子理论认为,辐射能是微观粒子所携带的能量。

理论上,热辐射的波长范围从零到无穷大,但在日常生活和工业上常见的温度范围内,热辐射的波长主要在 0.1~100 μm 之间,包括部分紫外线、可见光和部分红外线三个波段。所有温度大于 0 K 的实际物体都具有发射辐射的能力,并且温度愈高,发射热辐射的能力愈强。物体发射热辐射时,其热能转化为辐射能。所有实际物体也都具有吸收热辐射的能力,在物体吸收热辐射时,辐射能转化为物体的热能。当物体之间存在温差时,以热辐射的方式进行能量交换的结果使高温物体失去热量，低温物体获得热量，这种热量传递现象称为辐射换热。

热辐射具有以下特点：

(1) 热辐射总是伴随着热能与辐射能这两种能量形式之间的相互转化。

(2) 热辐射不依靠中间媒介，可以在真空中传播，太阳辐射穿过浩瀚的太空到达地球就是典型的实例。

(3) 物体间以热辐射的方式进行的热量传递是双向的：当两个物体温度不同时，高温物体向低温物体发射热辐射，低温物体也向高温物体发射热辐射，即使两个物体温度相等，辐射换热量相等，辐射换热量等于零，但它们之间的热辐射交换仍在进行，只不过处于动态平衡状态而已。

(4) 任何实际物体都在不断地发射热辐射和吸收热辐射，物体之间的辐射换热量既与物体本身的温度、辐射特性，也与物体的大小、几何形状及相对的位置有关。

第六节 常用工程材料和铀分离过程中的腐蚀

一、工程材料的性能

(一) 概述

常用工程用材料应具备的性能包括使用性能和工艺性能。使用性能是指材料在使用过程中所表现出来的特性（包括机械性能、物理性能、化学性能）；工艺性能是指材料在加工制造过程中所表现出来的性能。不同成分的材料，其性能不同，即使成分相同，经过不同的加工处理，其性能也有一定的差异。因此，作为工程技术人员必须了解和掌握材料的有关知识和一般性能，才能正确合理地选择和使用材料。

(二) 常用工程材料的性能

1. 机械性能

任何一种设备或零件在使用时都承受外力作用。金属材料在外力作用下所表现出来的性能称为金属的机械性能。如强度、塑性、硬度、韧性和疲劳等。

(1) 强度

金属材料制成的零件，在使用过程中受到外力作用时，会引起零件的变形（尺寸和形状的变化）。这种外力，如果是平稳地慢慢地加上去的称静载荷；如果是突然很快地加上去的，称冲击载荷。

材料在外力作用下抵抗塑性变形和断裂的能力称为强度。强度的特性指标主要是屈服强度和抗拉强度。

(2) 塑性

材料在外力作用下，产生塑性变形而不断裂的特性称为塑性。塑性大小的指标是伸长率 δ 和端面收缩率 ψ。δ、ψ 愈大，表示材料的塑性愈好。金属材料的塑性，可以承受各种变形加工，又可以提高管道使用的可靠性，防止突然断裂。

(3) 硬度

硬度是指金属表面抵抗比它更硬物体压入的能力，它是衡量材料软硬的一个指标。工程上表示材料硬度的指标常用的有布氏硬度（HBS压头为钢球，HBW压头为硬质合金）和洛氏硬度（HRA、HRB、HRC）。

（4）冲击韧性

金属材料抵抗冲击载荷而不被破坏的能力称为冲击韧性。表示冲击韧性值的指标是aku（表示试样采用U形缺口）和akv（表示试样采用V形缺口，也有试样不加缺口的），其所得冲击韧性值是试样在一次冲断条件下测定的值。这个值对于判别材料抵抗大能量冲击方面是合理的，而实际上许多机件一般总是在小能量多次（$>10^3$）冲击下而被破坏的。通常把这种冲击称为小能量多次冲击。材料抵抗这种多次冲击而不被破坏的能力主要取决于材料本身的强度。

（5）疲劳

材料所受的载荷，若其大小和方向作周期性的变化，称交变载荷。受交变载荷作用的材料常常在小于屈服极限，甚至小于弹性极限的情况下，经一定循环次数后便发生突然断裂（断裂前无明显的变形），这种现象称材料的疲劳断裂。疲劳断裂具有很大的危险性，常造成严重事故。材料在较长期（如钢通常为10^7次）交变载荷作用下不发生断裂的能力称疲劳强度。

材料的机械性能主要有上述几项，它们的大小数值可以通过试验测定。一般在材料的标准或有关资料的手册中可以查到。

2. 物理性能

材料的物理性能主要是指：导热系数，膨胀系数，重度、熔点和导电性等。常用金属材料的物理性能可从有关手册中查到。

3. 化学性能

材料抵抗水、大气和化学介质等对其腐蚀破坏的能力叫材料的耐蚀性。金属材料的耐蚀性指标常用其腐蚀速度表示，一般认为介质对材料的腐蚀速度在0.1 mm/a以下的，材料是耐腐蚀的。选择材料时必须查阅有关资料，合理选择。

4. 工艺性能

金属材料的工艺性能是指金属的延展性、可锻性、切削加工性、可焊接性和可铸造性等。这些工艺性能直接影响制造零件的加工方法，掌握了这些性能后，就能恰当地选择材料。

（1）可延展性

金属材料的可延展性是指能拉拔成丝、辗轧成板的难易程度。它与金属的纯度高低和塑性的好坏等因素有关。金属的纯度高、塑性好，延展性就好；此外还与加工温度有关。低碳钢、纯铜、纯铝的可延展性都很好。

（2）可锻性

金属材料的可锻性是指它承受压力（锻打）能改变原来形状，而不产生裂纹的性能。它与金属的成分、性能和加工温度有关。钢中含碳量少、塑性好，在加热状态下可锻性好。黄铜和铝合金在冷态下有良好的可锻性。

（3）可切削加工性

金属材料的切削加工性是指被刀具切削成型的难易程度。它与金属的成分、机械性能

（硬度、韧性、加工硬化）、导热性等许多因素有关。强度、韧性大和硬度高的材料不易被切削。钢的硬度在160～220 HB范围内有良好的切削加工性；铜、铝合金和铸铁有较好的切削加工性。

（4）可焊接性

金属材料的可焊接性是指用焊接的方法，使两块金属牢固地连接成整体而不产生裂缝的性能。它用来衡量金属材料在一定焊接工艺条件下获得优良接头的难易程度，与金属材料的成分、焊接方法、具体工艺及焊接参数等因素有关。如含碳量低的低碳钢和低合金钢具有较好的焊接性，而铸铁和铝合金等焊接性较差，若改用氩弧焊，铝合金也易焊接。

（5）可铸造性

金属或合金加热熔化后，浇注到铸型里，冷却后凝固成各种制品的形状称可铸造性。它与金属和合金液体的流动性、收缩性和熔点有关。流动性大，收缩性小，熔点低，可铸造性就好。反之较差。铸铁、黄铜、青铜和铸造铝等金属具有良好的可铸造性。

二、工程材料基本知识

（一）金属材料

在金属材料中，纯金属材料具有较高的导电性、导热性和良好的塑性等优点，但它有强度低、价格高和种类有限等局限性，不能满足各种场合的使用要求，因此在工业上应用较少，而使用较多的是合金材料。在现代工业上使用最多的是钢和铸铁。而在管道工程中使用的钢铁材料中，碳钢占有很重要的地位。

1．碳钢（碳素钢）

碳钢是含碳量小于2.11％的铁碳合金。但实际使用的碳钢其含碳量都不超过1.3％～1.4％，此外还或多或少含有硅、锰、硫、磷、氢等其他元素（通称杂质）。这些杂质不是有意加入钢内，而是在炼钢过程中带进去的。它们对碳钢的性能有不可轻视的影响。

碳是碳钢中的主要元素。随着含碳量的增大，碳钢的硬度增高，而韧性和塑性下降。碳钢的焊接性在含碳量大于0.25％时，开始变差。

锰和硅是作为脱氧剂而残留在钢中的元素，它们都能提高钢的强度和硬度，是钢中的有益元素，其含量有限（锰≤0.8％，硅≤0.4％）。

硫和磷是冶炼时带入钢中的有害元素。其中：硫使钢在高温（1 000～1 200 ℃）进行压力加工时变脆（热脆性），磷使钢在低温时变脆（冷脆性）。故钢中含硫和磷的量，必须严格控制（硫＜0.05％，磷＜0.045％）。

氢在钢中也是有害元素，使钢变脆（氢脆）。

（1）碳钢的分类

工业生产中使用的碳钢种类很多，常用的分类有如下几种：

1）按钢的含碳量分，有低碳钢（含碳量≤0.25％）、中碳钢（含碳量0.25％～0.6％）和高碳钢（含碳量＞0.6％，但最大不超过1.4％）。

2）按质量和用途分，有：

—碳素结构钢。这类钢一般为低碳钢和中碳钢，主要用于制造工程构件和机械零件。通常轧制成板材、钢筋、钢管、型钢等。

—优质碳素结构钢。这类钢对碳、硫、磷的含量控制较为严格。

—碳素工具钢。这类钢通常属于高碳钢，主要用于制造各种工具。

(2) 碳钢的牌号和用途

1) 碳素结构钢。这类钢是工程中应用最广泛的钢种，按照国家标准 GB 700—1988 规定，碳素结构钢的牌号由钢的屈服点的“屈”的汉语拼音第一个字母、屈服点的数值、质量等级、脱氧方法等符号按顺序组成。如 Q235—A·F，其意义为屈服极限 235 MPa，质量等级 A，沸腾钢。碳素结构钢的用途见表 2-31。

2) 优质碳素结构钢。按国家标准 GB 699—1988 规定，这类钢的牌号以两位数字表示，数字代表平均含碳量的万分数。如平均含碳量为 0.45%的优质碳素结构钢用“45”表示，称为 45 号钢。同时将钢中含锰量在 0.70%～1.20%的优质碳素结构钢称为较高含锰量钢，在钢牌号后面标出锰元素符号 Mn。如 50 Mn。部分优质碳素结构钢的用途见表 2-32。

表 2-31 碳素结构钢的用途

牌号	用途举例
Q195 Q215A Q215A	用来制造薄板，低碳钢丝、焊接钢管、钢钉、钢丝网、炉撑、屋面板、地脚螺栓、铆钉等
Q235A	由于价格低廉，又具有良好的强度、塑性、焊接性、切削加工性等而应用广泛，常用来制造薄板、钢筋、钢结构用各种型条钢，中厚板、铆钉，某些机械零件，化工容器外壳、法兰，机车车辆
Q255A	用来制造钢结构用各种型条钢和钢板，但使用面不如 Q235A 钢广泛，也用于制造各种机械零件

表 2-32 部分优质碳素结构钢的用途

牌号	用途举例
10	用来制造锅炉管、油桶顶盖、钢带、钢丝、钢板和型材，用于制造机械零件
20	用于不经受很大应力而有韧性的各种机械零件，如拉杆、轴套、螺栓、螺钉、起重钩等，也用于制造在 60 大气压 450 ℃以下非腐蚀介质中使用的管子等，还可用于制造芯部强度不大的渗碳与氰化零件，如轴套、链条的辊子等
35	用作热锻的机械零件，冷拉和冷锻钢材，无缝钢管，机械制造中的零件，如转轴、曲轴、轴销、拉杆、连杆、横梁、星轮、套筒、轮圈、钩环、垫圈、螺栓、螺钉、螺母等，还可用来铸造汽轮机机身、轧钢机机身、飞轮等
40	用来制造机器的运动零件，如辊子、轴、曲柄销、传动轴、活塞杆、连杆、源盘等
45	用来制造蒸汽透平机、压缩机、泵的运动零件，还可用来代替渗碳钢制造齿轮、轴、活塞销等零件，但零件需经高频或火焰表面淬火，并可用作铸件
55	用于制造齿轮、连杆、轮圈、轮缘、扁弹簧及轧辊等
65	用于制造气门弹簧、弹簧圈、轴、轧辊、各种垫圈、凸轮及钢丝绳等
70	用于制造弹簧

3) 碳素工具钢。按国家标准 GB 1298—1986 规定，碳素工具钢的牌号用“碳”或“T”后面加数字（表示这类钢平均含碳量的千分之几）的方法表示。如牌号 T7（或碳 7）表示平均含碳量为 0.7%的碳素工具钢。若在钢牌号后面加一个 A（或高），则为高级优质碳素工具钢，如 T12A（或碳 12 高）。碳素工具钢的牌号、化学成分、硬度及应用举例见表 2-33。

表 2-33 碳素工具钢的牌号、化学成分、硬度及应用举例

牌号	化学成分/%			硬度		应用举例
	碳	硅	锰	HBS≤	HRC≥	
T7 T7A	0.65～0.74	≤0.35	≤0.40	187	62	用作承受冲击、硬度适当、并有较好韧性的工具，如扁铲、改锥、手钳、大锤及木工工具等
T8 T8A	0.75～0.84	≤0.35	≤0.40	187	62	用作承受冲击、要求较高硬度与耐磨性的工具，如冲头、压缩空气工具等
T8Mn T8MnA	0.80～0.90	≤0.35	0.40～0.60	187	62	同 T8 及 T8A，可制截面较大的工具
T9 T9A	0.85～0.94	≤0.35	≤0.40	192	62	用作硬度高、韧性中等的工具，如冲头等
T10 T10A	0.95～1.04	≤0.35	≤0.40	197	62	用作不受剧烈冲击、要求硬度高、耐磨的工具，如冷冲模、钻头、车刀、丝锥等
T11 T11A	1.05～1.14	≤0.35	≤0.40	207	62	同 T10
T12 T12A	1.15～1.24	≤0.35	≤0.40	207	62	用作不受冲击、要求硬度高、耐磨的工具，如锉刀、精车刀、量具、丝锥等
T13 T13A	1.25～1.35	≤0.35	≤0.40	217	62	用作刮刀、拉丝模、锉刀、剃刀等

2. 合金钢

在炼钢过程中，有意识地向碳钢内加入一种或数种元素（金属或非金属元素），而获得某些特定性能和提高钢的性能（必须通过热处理，才能充分显示出来）的钢种称合金钢。加入的元素称为合金元素。加入钢中，常用的合金元素有铬、锰、硅、镍、钼、钨、铝、钒、硼、稀土等元素。合金元素加入钢中，有些元素熔于铁素体中，强化了铁素体，细化晶粒，提高了钢的强度、硬度、耐磨性，改善了钢的韧性等，有些元素与钢中的碳形成化合物，提高钢的硬度、熔点和稳定性等。

（1）合金钢的分类

合金钢的种类繁多，分类方法也很多。在不同场合采用不同的分类方法。按国家标准（即按用途）分为以下几类：

1）低合金结构钢（低合金高强度钢）。低合金结构钢是结合我国资源条件发展起来的钢种。它是在碳素结构钢的基础上，加入少量的一种或数种合金元素而炼得的，是一种低碳、低合金含量的结构钢，其含碳量＜0.2%，含合金总量＜3%（最近发展的趋向为≤5%）。低合金结构钢具有较高的强度，较好的塑性、韧性、焊接性和耐蚀性。此外，还有比碳钢更低的冷脆临界温度（低温冲击韧性）。

这类钢通常是在热轧经退火后供货，焊接成型后一般不进行热处理，所以它得到了广泛的应用，多用于各类工程结构。如用于制造桥梁、车辆、锅炉、高压容器、油管及大型钢结构等。

2）合金结构钢。合金结构钢是合金钢中产量大（约占合金钢产量的 1/2）、用途广、钢号多的一类钢种，多用于制造各种机器零件，故又称机器制造用钢。

合金结构钢根据钢中含碳量和热处理方法的不同，通常分为渗碳钢（低碳）和调质钢（中碳）两类。此外，还有弹簧钢、轴承钢、易切削钢等。

3）合金工具钢。合金工具钢按其用途又可分为刃具钢、量具钢、模具钢三类，是用于制造刃具、量具、模具等各种工具用钢的总称。

4）特殊性能钢。具有特殊的物理、化学性能的钢称为特殊性能钢（简称特殊钢）。例如不锈钢、耐热钢和耐磨钢等。

（2）合金钢的牌号

按国家标准 GB 221—1988 的规定，合金钢的牌号采用“数字＋化学元素符号＋数字”的方法表示。合金结构钢的牌号采用“二位数字＋化学元素符号＋数字”的方法表示。前面二位数字表示钢的平均含碳量（万分之几），元素符号表示所含合金元素，后面数字表示该合金元素的平均含量（百分之几。含量少于 1.5％，一般不标。含量≥1.5％，≥2.5％，≥3.5％……，则相应以 2，3，4……表示）。加入稀土元素的则在牌号最后标以 RE。含硫、磷较低（S≤0.02％、P≤0.03％）的高级优质钢，在牌号后面加 A。如 14MnVTiRE，18CrNi4WA 等。

合金工具钢的牌号采用“一位数字（或无数字）＋化学元素符号＋数字”的方法表示。它与合金结构钢表示的不同点在于平均含碳量≥1％时，不予标出。而＜1％时，以千分之几表示。如 9CrSi 表示含碳量为 0.9％。

特殊性能钢的牌号表示法与合金工具钢相同。一般用一位数字表示平均含碳量（以千分之几）。但当平均含碳量≤0.03％或≤0.08％（或＜0.1％）时，在牌号前面分别标注“00”与“0”如 0Cr19Ni9 表示钢的平均含碳量≤0.08％，00 Cr19Ni11 表示钢平均含碳量≤0.03％。此外，有一些专门用途钢，为了说明钢的用途，在牌号前面（或后面）加表示该钢用途的字母，如滚珠轴承钢在牌号前加 G，例如 GCr9；易切削钢牌号前加 Y，例如 Y12，YI5 等。详细的表示方法，请参阅 GB 221—1988《钢铁产品牌号表示法》。它们的牌号、成分、性能可查阅有关国家标准。

3. 铸铁

铸铁是指含碳量＞2.11％（常用为 2.5％～4％）并含有硅、锰、硫、磷等元素的一种铁碳合金。此外，为了提高铸铁的性能或得到某些特殊性能，还加入一些其他合金元素。

铸铁生产成本低，而且具有优良的铸造性能与耐磨性、消震性、切削加工性等特点。因此，铸铁是工业上应用很广的结构材料。但是，铸铁的强度、塑性、韧性较差，不能通过锻造、轧制等方法加工成型。

(1) 铸铁的分类

根据碳在铸铁中存在的形态不同，铸铁可分为下列几类：

1) 白口铸铁。碳大部分以渗碳体的形态存在于铸铁中，其断口呈银白色，故称白口铸铁（简称白口铁）。它的性能硬而脆，不易切削加工，很少直接用来制造零件，有时也利用它硬而耐磨的特性制作一些承受强烈挤压和耐磨的零件，如球磨机的磨球等。它主要用作炼钢原料和生产可锻铸铁的毛坯。

2) 灰口铸铁。碳几乎全部以片状石墨存在于铸铁中，其断口呈暗灰色，故称灰口铸铁（又称灰铸铁）。工业上应用的铸铁绝大部分是这类铸铁。

3) 球墨铸铁。碳以球状石墨存在于铸铁中。它具有比灰铸铁高得多的机械性能，并可通过热处理进一步提高其性能。在生产中，球墨铸铁制件已成功地代替了部分碳钢和合金钢制造的机器零件。

4) 可锻铸铁。碳以团絮状石墨存在于铸铁中。它是由一定成分的白口铸铁经过长时间的石墨化高温退火处理后得到的铸铁，因具有比灰铸铁更好的塑性和韧性而称为可锻铸铁。用于制造各种管接头、低压阀门和部分机械零件。

5) 蠕墨铸铁。它是 20 世纪 70 年代发展起来的一种新型铸铁，碳以蠕虫状石墨存在。它的性能介于灰铸铁和球墨铸铁之间，可用来代替高强度灰铸铁、合金铸铁及部分球墨铸铁与可锻铸铁。

6) 合金铸铁（特殊性能铸铁）。它是在铸铁（灰铸铁或球墨铸铁）中加入一些合金元素（如铬、钛、铜等），使铸铁具有某些特殊性能（如耐磨、耐热、耐蚀等）。

(2) 铸铁的牌号

铸铁的名称、代号、及牌号表示方法见表 2-34（GB 5612—1985）

表 2-34　铸铁名称、代号、及牌号表示方法

铸铁名称	代号	牌号表示方法示例
灰铸铁	HT	HT100
蠕墨铸铁	RUT	RUT400
球墨铸铁	QT	QT400-17
黑心可锻铸铁	KTH	KTH300-03
白心可锻铸铁	KTB	KTB300-04
珠光体可锻铸铁	KTZ	KTZ450-06
耐磨铸铁	MT	MTCu1PTi-150
抗磨白口铁	KmTB	KmTBMn5Mo2Cu
抗磨球墨铸铁	KmTQ	KmTQMn6
冷硬铸铁	LT	LTCrMoR
耐蚀铸铁	ST	STSi15R
耐蚀球墨铸铁	STQ	STQA15Si5
耐热铸铁	RT	RTCr2

续表

铸铁名称	代号	牌号表示方法示例
耐热球墨铸铁	RTQ	—
奥氏体铸铁	AT	—

注：牌号表示方法示例说明

1）灰铸铁：HT100。HT：灰铸铁代号；100：HT后的数字100表示抗拉强度，单位是MPa。

2）球墨铸铁：QT400-17。QT：球墨铸铁代号；400：QT后的第一组数字400表示抗拉强度，单位是MPa；17：QT后的第二组数字17表示伸长率，两组数字之间用"-"隔开。

3）耐磨铸铁：MTCu1PTi-150。MT：耐磨铸铁代号；Cu1PTi：耐磨铸铁合金化学元素铜含量>1%，磷及钛含量均不超过1%。150：牌号中最后一组数字150表示抗拉强度，单位为MPa。元素符号及含量与抗拉强度值之间用"-"隔开。

4. 有色金属与合金

工业生产中，把钢铁材料称为黑色金属，而铝、铜、镁、锌等及其合金称为有色金属。有色金属在管道工程中应用较多的有以下几种：

（1）铜及铜合金

1）纯铜（紫铜）。纯铜外观呈紫红色，有良好导热性、导电性（仅次于银）和抗大气腐蚀性，塑性好，容易进行冷、热加工。但强度低，不易直接作结构材料，经冷变形后强度可以提高，而塑性明显下降，硬度增高。其熔点为1 083 ℃。

根据铜中含杂质（主要为铅、氧、硫和磷等）的量，工业用纯铜（紫铜）材分为四种：T1、T2、T3、T4。"T"为"铜"的汉语拼音第一个字母，其后的数字为编号，数字越大则纯度越低。

工业上用的纯铜一般轧制成板材、棒、管等供应。

2）黄铜。黄铜是以锌为主要合金元素的铜锌合金。黄铜分为普通黄铜和特殊黄铜两种。

铜和锌组成的合金称为普通黄铜。它的机械性能受其含锌量的影响，当锌的含量低于30%～32%时，塑性良好，可进行冷、热加工。含锌量大于32%时，塑性下降，强度提高，变脆，不适于冷变形加工。但经加热到一定温度以后，便具有良好的塑性，可进行热变形加工。当含锌量超过45%后，塑性和强度急剧下降，此时的黄铜已无使用价值。

普通黄铜具有良好的机械性能，以及良好的加工工艺性，耐海水和大气腐蚀，因此在工程上得到广泛应用。

普通黄铜的牌号用"H"（"黄"字的汉语拼音第一个字母）加数字表示，数字表示平均含铜量，含锌量不标出，如H80，表示含铜量为80%，其余为含锌量。

在黄铜中加入锡、锰、铅、铝等合金元素而形成的铜合金称特殊黄铜，其作用是改善黄铜的机械性能和提高耐腐蚀性能。

特殊黄铜按其加入元素不同相应地称为锡黄铜、锰黄铜、铅黄铜、铝黄铜等，它们的牌号在"H"后标以主加元素的化学符号和铜及主加元素含量的百分数。如在牌号前面还加"Z"字，表示该种铜材是铸造得到的。

（2）铝及铝合金

1）纯铝

铝在工业生产上是仅次于钢铁的一种重要金属材料。纯铝（纯度为98.8%～99.7%）

强度低、塑性好（$\delta \approx 50\%$），能进行冷、热压力加工，制成板、棒、管、线等型材，经冷变形加工后，强度可提高（从原来 $\delta_b \approx 80$ MPa 提高到 $\delta_b = 150 \sim 250$ MPa），在大气中有良好的耐蚀性，但不能耐酸、碱、盐的腐蚀。工业纯铝分铝锭（未压力加工）和铝材（已压力加工）两种产品。铝材的牌号按 GB 3190—1982 规定，有 L1、L2……L6 六种，"L" 是铝的代号，后面数字表示纯度，数字越大纯度越低。

2）铝合金

铝合金按成分和工艺特点分为下列几类（见表 2-35）。

适宜于压力加工的铝合金称变形铝合金。变形铝合金牌号，由每一种铝合金名称的汉语拼音第一个字母加序号数字组成。LF 表示防锈铝合金，LY 表示硬铝合金，LC 表示超硬铝合金，LD 表示锻造铝合金。

用来作铸件的铝合金称铸造铝合金。铸造铝合金牌号，用"铸、铝"两字汉语拼音的第一个字母"ZL"加三位数字表示。第一位数字表示合金类别（1 为铝硅合金，2 为铝铜合金，3 为铝镁合金，4 为铝锌合金），第二、三位数字为合金顺序号，序号不同，化学成分也不同。

表 2-35　铝合金分类

<table>
<tr><td rowspan="8">铝合金</td><td rowspan="4">变形铝合金</td><td>不能热处理强化</td><td>防锈铝合金（LF），牌号由"代号+序号"组成如 LF5，LF21</td></tr>
<tr><td rowspan="3">能热处理强化</td><td>硬铝合金（LY）</td></tr>
<tr><td>超硬铝合金（LC）</td></tr>
<tr><td>锻造铝合金（LD）</td></tr>
<tr><td rowspan="4">铸造铝合金</td><td colspan="2">铝硅合金（ZL10×）</td></tr>
<tr><td colspan="2">铝铜合金（ZL20×）</td></tr>
<tr><td colspan="2">铝镁合金（ZL30×）</td></tr>
<tr><td colspan="2">铝锌合金（ZL40×）</td></tr>
</table>

（二）管道工程中常用金属材料

金属管材是管道工程中用量最多的金属材料品种之一。

1. 管材的分类

（1）按生产工艺分

管材可分为冷拔管（冷拉管）、热轧（热挤压）管、焊接管、铸造管、镀锌钢管和钢筋混凝土浇注管等。

（2）按化学成分分

管材可分为碳素结构钢钢管、低合金结构钢钢管、合金结构钢钢管、不锈钢钢管、铸铁管（灰铸铁、可锻铸铁、球墨铸铁）、铝管、铝合金管、纯铜（紫铜）管、黄铜管和钢筋混凝土管等。

（3）按工作情况分

管材可分为：热力管道，其中又分为高压（高压蒸汽 6.1～10 MPa、高压热水 10～18.4 MPa），中压（蒸汽 2.6～6 MPa、热水 4.1～9.9 MPa）和低压（蒸汽≤2.5 MPa、热水≤4.0 MPa）三种；燃气管道，其中又分为超高压（$0.8 < p \leqslant 1.2$ MPa）、高压（$0.3 < p \leqslant 0.8$ MPa）、次高压（$0.15 < p \leqslant 0.3$ MPa）、中压（$0.005 < p \leqslant 0.15$ MPa）和

低压（$p \leqslant 0.005$ MPa）五种；工业动力管道，其中又分为高压（>10 MPa）、中压（$1.6 < p \leqslant 10$ MPa）、低压（$0 < p \leqslant 1.6$ MPa）和真空（≤0 MPa）四种；工业管道，其中又分为高压（10～100 MPa）、中压（4～6.4 MPa）和低压（≤2.5 MPa）三种。

2. 管材的选择

管材应按输送介质的温度和压力选用。一般在选择管材时，首先考虑管材的机械性能（主要是强度）能否达到输送介质工作压力的要求。管材的材质、壁厚则应按设计要求决定，不能随意更换或用管壁过厚（或过薄）的管子代替。其次考虑介质的温度，通常管材随着被输送介质温度升高而强度降低。所以管材的材质、壁厚与输送介质的温度和压力有密切关系。常用中、低压管材适用温度及压力范围见表 2-36。

表 2-36　常用中、低压管材适用温度及压力范围表

序号	管子名称	材质	温度适用范围/℃	压力范围/MPa
1	低压流体输送管	Q215、Q235、Q255 普通碳素钢	0～200	$p \leqslant 1.0$
2	中、低压流体用无缝钢管	普通碳素钢、优质碳素钢、低合金钢或合金结构钢	−40～475	$p = 1.6 \sim 6.4$
3	螺旋缝电焊钢管	Q215、Q235、Q255 或 16Mn 低合金钢制成	<200	$p < 2.0$
4	直缝电焊钢管	Q215、Q235、Q255 碳素钢或 08、10、20 优质碳素钢		$p \leqslant 1.4$
5	不锈钢管	1Cr18Ni9Ti	−196～700	中、低压

3. 碳素结构钢钢管

(1) 白铁管与黑铁管

碳素结构钢钢管是用材质为 Q215A、Q235A、Q255A 制造的，俗称熟铁管。它又可分为镀锌管（又称白铁管）和不镀锌管（又称黑铁管）。其管壁纵向有一条焊缝，一般用炉焊法或高频电焊法焊成，称为炉焊对焊钢管或高频电焊对焊钢管。钢管管端有带螺纹和不带螺纹的两种。根据管壁厚度的不同又可分为普通钢管（适用工作压力≤1.0 MPa）和加厚钢管（适用工作压力≤1.6 MPa）。这两种钢管都可用手动或机动设备在管端加工螺纹，主要用于输送水、煤气、空气、油及热水等一般低压流体，适用温度范围为 0～200 ℃，压力范围为 1.0 MPa 以下。其规格见产品标准 GB 3091—1982《低压输送流体用镀锌焊接钢管》和 GB 3092—1982《低压输送流体用焊接钢管》。

(2) 螺旋电焊钢管

螺旋电焊钢管是用 Q215A、Q235A、Q255A 等碳素结构钢制造的，其管壁的焊缝为螺旋线状，一般用埋弧焊法或高频焊法焊成。这类钢管通常用于压力≤2 MPa、介质温度≤200 ℃的直径较大的管道（如室外煤气、供热、天然气、凝结水管道等）。其规格见产品标准 SY5036《承压流体输送用螺旋焊缝埋弧焊钢管》、SY5037《一般低压流体输送用螺旋焊缝埋弧焊钢管》、SY5038《承压流体输送用螺旋焊缝高频焊钢管》和 SY5039《一般低压流体输送用螺旋焊缝高频焊钢管》。

(3) 钢板卷制直缝电焊钢管

用钢板分块卷制直缝电焊，制成几种不同管壁厚度的钢管，主要用于大直径的管道，输送煤气、蒸汽及其他低压气体或液体。

4. 优质碳素结构钢钢管

优质碳素结构钢钢管所用材质按 GB 669—1988 规定中选取。常用的有 10、20、25、30、35、45 等多种牌号的钢材。一般用热轧或冷轧（拔）方法加工成无缝钢管（简称无缝管）。无缝钢管按外径和壁厚供货。热轧无缝钢管的外径有 32～630 mm，壁厚为 2.5～75 mm，长度为 3～12.5 m；冷轧无缝钢管外径有 5～200 mm，壁厚为 0.25～14 mm，长度为 1.5～9 m。这种钢管广泛应用于中、低压工业管道工程中（如热力管道、制冷管道、压缩空气管道、氧气管道、乙炔管道，以及除强腐蚀性介质以外的各种化工管道）。它的适用温度范围为 −40～475 ℃，压力范围为 1.4～6.4 MPa。输送流体用热轧无缝钢管规格可查阅 GB 8163—1987。

5. 合金钢钢管

合金钢钢管在管道工程中是低合金结构钢钢管和合金结构钢钢管的总称。

管道所用的合金钢牌号为 09MnV、16Mn、12MnV、12CrMo、15CrMo、12CrMoV 等多种，一般用热轧（钢管外径为 ϕ57～ϕ426 mm）和冷轧（钢管外径为 ϕ10～ϕ108 mm）加工方法制成无缝钢管。它适用于除强腐蚀介质以外的低、中、高压工业管道工程。例如热力管道、制冷管道、压缩空气管道、氧气管道以及除强腐蚀性介质以外的各种化工管道等。

高压管道是指输送介质的公称压力为 10～100 MPa 的管道，按公称压力分为 11 个等级。按工作温度分为：Ⅰ级，−40～200 ℃；Ⅱ级，201～400 ℃；Ⅲ级，＞401 ℃。

高压管材是用于输送介质的压力高、温度高、腐蚀性强和振动力大的场合。因此，高压管道应选专用的高压无缝钢管或不锈耐酸钢管。

6. 不锈钢钢管

不锈钢是指在大气、碱或盐的水溶液等腐蚀介质中具有高度化学稳定性的钢。不锈钢并不是绝对不腐蚀，只不过腐蚀速度慢些。在同一种腐蚀介质中，不同种类的不锈钢耐腐蚀能力不同。因此，掌握各类不锈钢的特点，对于正确选用不锈钢管是很重要的。不锈钢钢管按所含元素分为铬不锈钢、铬镍不锈钢和铬锰氮系列不锈钢；按耐腐蚀性能特点分为耐大气腐蚀不锈钢、耐酸碱腐蚀不锈钢和耐高温腐蚀不锈钢等。

不锈钢具有很高的耐腐蚀性能，在常温下能抗浓度在 95％以下的硝酸、80％～100％的硫酸、10％的铬酸、70％以下的氢氧化钠等介质的腐蚀。它广泛应用在工业部门的工艺管道工程上。

不锈钢钢管一般是冷拔或热轧成型的无缝钢管，其规格见国家标准 GB 2270—80。不锈钢管尺寸可查阅有关手册。

7. 铸铁管

铸铁管的材质是灰口铸铁（化学成分为：碳 3％～3.3％，硅 1.5％～2.2％，锰 0.5％～0.9％，磷≤0.4％，硫≤0.12％），用浇注方法制成。主要用于给水（上水）和排水（下水）管道工程。

(1) 给水铸铁管

给水铸铁管有低压管（适用于工作压力在 0.45 MPa 以下）、普压管（适用于工作压力为 0.45～0.75 MPa）和高压管（适用于工作压力为 0.75～1 MPa）三类。在选用时，如果同一条直线上压力不同，应按最高压力值选管，不允许将两种压力等级的给水铸铁管安装在同一条直线上。

(2) 排水铸铁管

排水铸铁管主要用于没有压力的排水管道中，它只有承插式一种，其管壁比给水铸铁管薄，一般管壁厚为 4～5 mm。这种铸铁管在出厂时通常不做水压试验，因此不能用在给水管线上。

8. 铜管

(1) 常用铜管材的种类

管道工程用铜管材有紫铜管（工业纯铜）、黄铜管（铜锌合金与特殊黄铜）和青铜管(铝青铜和锡青铜等)。按制造方法，铜管又可分为拉制管、轧制管和挤制管等，一般中、低压管道采用拉制管。紫铜管和黄铜管大多用于制造换热设备、制冷系统、化工管路，以及仪表的测压管线或传送液体的管线上。

(2) 铜管的适用范围

紫铜管适用于工作压力在 4 MPa 以下，温度为－196～250 ℃；黄铜管适用于工作压力在 22 MPa 以下，温度为－158～120 ℃。在制冷系统中，铜管适用于在工作压力低于 2 MPa，温度为－20～150 ℃，输送制冷剂与润滑油的管路上。输送氟利昂制冷剂，当管子公称直径小于 25 mm 时，应采用紫铜管。

(3) 常用铜管材料

常用紫铜管材料为 T2、T3、T4 和 TUP（无氧钢）等，分为软质与硬质两种。

常用黄铜管材料为 H62、H68、H85 和 HPb59-1 等，分为软质、半硬质和硬质三种。

(三) 非金属材料

非金属材料具有优良的耐腐蚀性能，来源丰富，品种多样。适于因地制宜，就地取材。非金属材料既可单独做设备材料，又可做金属设备的保护衬里、涂层，也可做设备的密封材料和保温材料。

1. 无机非金属材料

(1) 化工陶瓷

化学稳定性很高，除对氢氟酸和强碱等介质外，对各种介质都耐蚀。具有足够的不透性，耐蚀性和一定的机械强度。缺点是脆性大，不耐冲击，在急冷下容易开裂。

(2) 玻璃

耐蚀性好，除氢氟酸和盐酸、碱液等介质外，对大多数酸类、稀碱液和有机溶剂等都耐蚀，而且具有表面光滑、流动阻力小、容易清洗、质地透明、便于检查内部情况、价廉等优点。但质脆、耐温度急变性差，不耐冲击和振动。

(3) 水泥

水泥为容易实现就地取材的非金属材料之一。由水泥、碎石、砂、水和其他配料搅拌制成的各类混凝土可使用于化工生产设备上，从而大量节约钢材。

(4) 天然耐酸材料

工厂常用的由花岗石、中性长石和石棉等，它们对任何程度的无机酸（氢氟酸除外）在一定温度下都是耐蚀的。

2. 有机非金属材料

(1) 工程塑料

一般具有良好的耐腐蚀性能、一定的机械强度、比重不大、容易加工制造等特点，因而在工业生产中得到广泛应用。工程塑料品种很多，主要有耐酸酚醛塑料、硬聚氯乙稀塑料、聚乙烯塑料、聚四氟乙烯塑料和玻璃钢等。

1) 耐酸酚醛塑料

它是以酚醛树脂做黏结剂，以耐酸材料（石墨、玻璃纤维等）做填料的一种热固性塑料。它有良好的耐腐蚀性，能耐多种酸、盐和有机溶剂的腐蚀，使用温度在－30～130 ℃。它的缺点是冲击韧性低，易损坏。

2) 硬聚氯乙稀塑料

它是由聚乙烯和稳定剂硬脂酸铅在 155～163 ℃下加压而成。它有良好的耐蚀性，能耐稀硝酸、稀硫酸、盐酸、碱、盐。它的加工成型方便，可以进行机械加工和焊接，也有一定的机械强度。它的缺点是冲击韧性低，导热系数小，耐热性较差。

3) 聚乙烯塑料

它是乙烯的高分子聚合物，有优良的绝缘性、防水性、化学稳定性，在室温下除硝酸外，对各种酸、碱、盐溶液均稳定，对氢氟酸特别稳定。

4) 聚四氟乙烯塑料

具有优良的耐蚀性，能耐强腐蚀介质的腐蚀，耐蚀性能超过贵重金属和银，而且耐磨性能和机械性能较好。使用温度为－100～250 ℃。

5) 玻璃钢

它是用合成树脂为粘结剂，以玻璃纤维为增强材料按一定成型方法制成。它是新型的非金属防腐蚀材料，耐蚀性能好，强度高，加工工艺性能好，在生产中得到广泛应用。

(2) 不透性石墨

用各种树脂浸渍石墨消除孔隙得到不透性石墨。它具有特别高的化学稳定性，在有机溶剂和无机溶剂中均不溶解，酸和碱在通常条件下对它也不起作用，并且具有高的导电性和导热性，热膨胀系数小，耐温度急变性能好，不污染介质，保证产品纯度，加工工艺性好，比重小。但机械强度低、性脆。

(3) 涂料

一种高分子胶体混合液，涂在设备表面，然后固化成薄涂层，用来保护设备免遭腐蚀。它品种多，选择范围广，适应性强，价格低廉，使用方便，可用于现场施工。

(四) 管道工程中常用非金属材料

管道工程中常用的非金属材料主要有预应力钢筋混凝土管、钢筋混凝土管、混凝土管、石棉水泥管、陶土管和硬聚氯乙稀塑料管六种。

1. 混凝土管（预应力钢筋混凝土管、钢筋混凝土管）

混凝土管是以胶凝材料、水、砂、碎石或卵石，必要时渗入化学添加剂和矿物质混合材料，按适当比例混合，经过均匀拌制，用离心成型法制成的管材。

混凝土管按配筋情况分为混凝土管（无筋）、预应力钢筋混凝土管、钢筋混凝土管（分轻型和重型两种）等，主要用于建筑物（或小区）室外排水的管道。它的规格可见国家标准《混凝土和钢筋混凝土排水管》。

预应力钢筋混凝土管和钢筋混凝土管（水泥压力管），通常用于大管径输水工程中的管道。排水混凝土管分承插式和套管式两种。

2. 石棉水泥管

石棉水泥管是由石棉和水泥（其重量比为15%：85%）组成。按其工作压力分为0.45 MPa、0.75 MPa和1.0 MPa三种规格。它们的试验压力相应为0.9 MPa、1.5 MPa和2 MPa，其标号为水0.45、0.75和1.0。石棉水泥压力管的极限抗拉强度不小于16 MPa，极限抗折强度不小于25 MPa。

石棉水泥管用于输水管道、排水管道、煤气管道和通风管道。管与管之间一般用水泥套管连接。

3. 陶土管

陶土管分为普通管、厚管和特厚管三种，表面有带釉和不带釉两种形式，主要用作室外排水管。陶土排水管道耐腐蚀能力比铸铁排水管强，价格也低，但性脆，不结实，因此在运输和安装过程中要小心。

4. 硬聚氯乙稀塑料管

硬聚氯乙稀塑料，又叫硬塑料。它是以聚氯乙稀树脂（原料为石灰石、焦炭、食盐等）为主要原料，加入增塑剂、稳定剂、润滑剂、颜料和填料等，经过混合、提炼及加工成型而制得。按加入增塑剂量（重量比）的不等，聚氯乙稀塑料分为硬聚氯乙稀（加入增塑剂<5%或不加入）、软聚氯乙稀（加入增塑剂30%～70%）和半硬聚氯乙稀（加入增塑剂5%～10%）三种。聚氯乙稀具有良好的耐蚀性（在常温或低于50 ℃下，除强氧化剂如浓度超过50%的硝酸、发烟硫酸外，能耐各种浓度酸类、碱类和盐类的腐蚀），有较高的弹性，制成管材后重量轻，加工安装方便，但它的热稳定性能较差，只有在60 ℃以下时才能保证一定的强度（低温时性脆易裂，较高温度强度降低），热膨胀系数很大（约比钢大5～7倍）

塑料管的标准见GB 5836—1986《建筑排水用硬聚氯乙稀管材和管件》。硬聚氯乙稀管用于工业和民用建筑的室内排水管道工程和输送含有腐蚀性气体的管道和部件。

三、铀分离过程中的腐蚀

（一）氟化氢的腐蚀性

氟化氢有很大的活性，能与许多其他化合物结合，对玻璃的腐蚀作用是它与SiO_2反应的结果。

$$4HF + SiO_2 = SiF_4 + 2H_2O$$

氟化氢还能同许多金属氧化物、氢氧化物作用生成水与氟化物，如碱金属与碱土金属化合物银、铝、铅、锌、汞及铁。它几乎能同所有金属发生反应，它与铝、镁、铁、镍特别是镍形成致密的氟化镍薄膜，可防止镍继续被腐蚀。无水或近似无水的氟化氢对于铁与钢即使在高温下也耐腐蚀。但不锈钢非常容易被腐蚀。蒙乃尔合金在低温或高温下均能抵抗无水及含水氟化氢腐蚀。铜在无氧存在时能抵抗无水及含水氟化氢腐蚀，镍能抵抗无水氟化氢腐蚀，但在高温时被含水氟化氢腐蚀。铝能抵抗低于70%的氟化氢腐蚀却被无水氟化氢严重腐蚀（见表 2-37）。

表 2-37 氟化氢对各种材料的腐蚀速度

条件	腐蚀速度/（mm/a）							
	碳钢	铅	银	铜	镍	蒙乃尔	莫科乃尔	青铜
38%HF 110 ℃ 有空气存在	2.90	0.146	0.004	0.047	0.110	0.047	0.113	0.046
98%HF 38 ℃ 有空气存在	0.005	1.48	0.002	0.006	0.002	0.002	0.002	0.006

（二）六氟化铀的腐蚀性

1. 玻璃

对于干燥的 UF_6 是稳定的，所以测定 UF_6 气体压力用的是玻璃制的 U 形压力表。但是只要 UF_6 气体中含有极微量的水汽。那么 UF_6 即会水解生成 HF，而 HF 就会和玻璃反应。玻璃便会被腐蚀，反应如下：

$$UF_6+2H_2O=UO_2F_2+4HF$$

$$4HF+SiO_2=SiF_4+2H_2O$$

因为反应生成水，这样反应便可连续进行使玻璃腐蚀更严重。

2. 金属

UF_6 能与大多数金属反应，汞在室温下即能被腐蚀。和强还原剂钾、钠、钙等金属发生剧烈反应，并使 UF_6 还原为金属铀。

UF_6 和镍、铜、铝作用后，UF_6 被还原成固态的 UF_6 同时生成一层 NiF_2、CuF_2、AlF_3 的薄膜盖在上面，反应如下：

$$UF_6+Ni=UF_4+NiF_2$$

$$UF_6+Cu=UF_4+CuF_2$$

$$3UF_6+2Al=3UF_4+2AlF_3$$

经过多次试验证明：金属氟化物的薄膜腐蚀与生成的条件有关。由 UF_6 置换金属生成的金属氧化物膜比较疏松，不如金属直接和氟作用形成的氟化物膜致密，起不了保护作用。金属仍会继续被 UF_6 腐蚀。

UF_6 对碳钢、铅、锡和锌耐腐蚀性要差些，与之相比，镍、镍合金如蒙乃尔合金、莫科乃尔合金、铜、铝等金属耐腐蚀性较好。在 510～565 ℃高温时试验认为，莫科乃尔合金最好，其他镍合金也不错，所以在高温时选用镍合金，但在低温时也可用碳钢。

金和铂在室温时不与 UF_6 起反应。但加热时即被腐蚀而变暗。

3. 塑料

聚四氟乙烯具有高度化学稳定性和抗腐蚀性，仅在高压或常压及 150 ℃时受元素氟的侵蚀。

4. 六氟化铀和有机化合物的作用

由于六氟化铀是强氟化剂，它能与大多数有机化合物起反应，生成氟化氢、氟碳化合物、四氟化铀和铀的中间氟化物。有机分子中有氧时，则生成氟化铀铣。能溶解在卤化的碳氢化合物中，如四氯化碳、三氯甲烷等。在完全氟化的碳化合物中非常稳定，与高氟化环已烷没有反应。

第三章　安全文明生产与环境保护知识

学习要求：通过本部分的学习，使学员掌握核安全文化要求、安全生产与劳动保护知识、环境保护知识及消防安全知识。

课时要求：48 课时。

第一节　核安全文化要求

一、核安全文化的背景、起源、定义和特征

（一）核安全文化的背景

1. 全球能源的需求与危机

能源是人类社会的生命线，是满足人类基本需求，支持和促进经济发展，不断提高生活水平的重要因素。目前，全世界所消耗的能源主要来自石油、煤、天然气等化石燃料的使用。但地球上的化石燃料是有限的，由于人类长期且不断增长的消耗，其正面临着枯竭的危机。同时，这些化石燃料的燃烧造成了酸雨、温室效应、臭氧层破坏等一系列严重的环境问题。因此，人类正面临着能源的需求及其所引发的各种问题的巨大挑战。

2. 我国能源的战略选择

20 世纪 70 年代末开始的改革开放，使我国国民经济的发展释放出前所未有的巨大活力，国民生活水平快速提高。在此背景下，电力工业虽然也同样取得了长足的进步，但依然成为制约经济发展的重要瓶颈之一。

我国目前的电力生产主要依靠火力发电和水力发电。其中，火力发电的原料基本上就是煤，占全国发电总装机容量的 70%强。尽管我国煤炭和水力资源相当丰富，但分布不均匀。煤炭资源多在华北地区，水力资源多在西南地区，而我国的大部分工业中心和主要人口集中地都在华东、华南和东北地区。由于受到燃料运输与电力输送等因素的制约，在这些地区发展核电，是一种现实的、非常经济的选择。

核电是一种十分清洁的能源，不会产生温室效应、酸雨、破坏臭氧层等污染环境的问题，使我们赖以生存的环境受到保护。当然，由于核电利用的能量来自于核裂变，而伴随核裂变产生的放射性产物一旦释放到环境中去，也会对环境造成一定的影响，因此，作为核设施的营运者有责任和义务保证：

（1）核设施安全：即保护环境和居民，防止或减少放射性污染及放射性产物向环境的释放。

首先应该做到，无论在什么样的情况下，核设施对周围环境和居民的影响，都应尽可能的小。

作为核设施核心的核反应堆包含着大量的放射性物质，这些放射性物质在一定情况下将对人体构成危害。首先，对核设施的运行和检修人员，可能有长期存在的潜在危害；其次，事故情况下向环境的释放，可能对公众构成危害。

当然,随着技术与管理水平的不断进步,产生这种危害的几率是极小的。

(2) 经济可行的电力供应:电价合理。

只有电价合理,核设施才能显示其生命力。如果核电得到大力发展,核设施的外部支援、检修、运行的力量将得到加强,运行成本还会降低,其电价将更具竞争力。

(3) 可靠的电力供应:保证电站的可靠运行,尽量不给电网造成扰动。

为了保证电力用户的利益,必需有可靠的电力供应。只有核设施的安全、稳定运行才能保证电力的可靠供应。

这样,核设施的安全、经济、可靠运行构成了效益三角形(如图 3-1 所示)。

随着核电机组的增加,电网的容量和稳定性将会同时增加,其供电的可靠性和经济性也将更明显。也就是说,核电机组越多,电网可靠性越高。

对于用户来说,供电的经济及可靠是他们可接受的直接指标。

而对于核设施的营运者,必须加强与公众用户的交流,增加信息的透明度,在确保公众与环境安全的前提下,保证电力的经济、可靠供给。

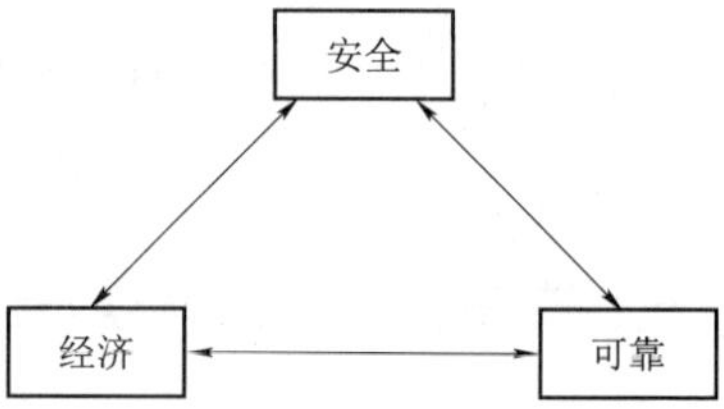

图 3-1 核设施效益三角形

(二) 核安全文化的起源

1. 核安全思想的发展

核安全思想的发展大致可以分为如下三个阶段:

(1) 20 世纪 70 年代

这 10 年核安全思想集中在技术上的可靠性,设备与程序的质量,即优先考虑的是初始设计工作。

(2) 20 世纪 80 年代

这 10 年以人为失误为主要对象,寻找通过组织管理减少人为失误、增加程序使用者的可靠性的方法。

(3) 20 世纪 90 年代

这 10 年集中于核安全文化的发展,以使核安全水平得到改善。

核电历史上的两大事故对核安全思想的发展有着重大的影响,即:1979 年 3 月 28 日发生在美国的三哩岛事故和 1986 年 4 月 26 日发生在前苏联乌克兰的切尔诺贝利事故。

2. 20 世纪 70 年代—设备与程序

20 世纪 70 年代投运的核设施,重点考虑的是设计、设备以及程序的质量。

设计过程中,采取了许多设备和措施以防止事故的发生及限制事故发生的后果。认为所有的意外均在设计考虑中,运行人员只要将机组维持在原设计的水平上,就可以保证安全。

程序的采用是为了减少人为错误的可能性,但程序将人的作用限制到最小程度,人们通常只是被要求使用这些程序而已。

3. 20 世纪 80 年代—人因(三哩岛事故)

与大亚湾核设施及秦山核设施相类似,三哩岛核设施采用的也是轻水型压水堆堆型,不过这种早期的设计存在许多薄弱环节。

事故是以丧失第二道屏障开始的。一个稳压器的安全阀开启后不能回座。然后，由于采取的行动不得当，堆芯的冷却没有及时得到保证，造成了堆芯的部分熔化，也就是说，失去了第一道屏障。幸运的是第三道屏障充分地发挥了其功能。仅仅由于反应堆地坑的水自动传输到核辅助厂房，导致了向环境轻微的放射性泄漏。

三哩岛事故的教训：有效的管理可以减少人为失误，三哩岛事故的根本原因是人因问题。

4. 20 世纪 90 年代—核安全文化(切尔诺贝利事故)

与国内主要堆型压水堆不同，切尔诺贝利核设施采取的是石磨水冷堆型(RBMK)。

由于一连串的失误，使反应堆欠冷。堆内冷却剂的沸腾带来的空泡正效应使反应堆的功率迅速增长，堆芯能量的剧烈释放造成了反应堆及其厂房的爆炸以及放射性的严重泄漏。

切尔诺贝利事故是设计错误的结果，其事故的处理过程也暴露了苏联核设施运行人员的培训及其管理并没有吸取三哩岛事故的教训。运行操作人员及管理的失误加上设计上的错误才导致了如此惨痛的悲剧。

三哩岛事故的发生表明，尽管有规程的支持，但仍有可能出现人为失误。三哩岛事故以后，世界各地的核设施营运者采取了许多的管理措施以限制人为失误带来的后果。但均没有提出这样一个问题，即从适当的工作方法上入手，从根本上限制人为失误的出现。对这两起事故进行归纳和比较的情况如表 3-1 所示。

表 3-1　三哩岛事故与切尔诺贝利事故的归纳与比较

分类	三哩岛事故	切尔诺贝利事故
核安全功能缺陷	失去堆芯冷却功能	失去堆芯冷却的功能 失去反应性控制的功能 失去对放射性产物的屏障功能
三道屏障缺陷	失去第一道屏障； 有限的失去第二道屏障； 第三道屏障完好	立即同时失去第一和第二道屏障； 设计没有考虑第三道屏障能对放射性产物的有效包容
后果	轻微的放射性泄漏，未对附近居民造成放射性后果	堆芯大部分放射性产物的释放，大面积的沾污，附近的几个欧洲国家均可测到其污染；人员伤亡

三哩岛事故

外部环境	设　计	运　行	人　因	管　理
时间：深夜 起因：核设施启动	主控室人机接口不完善； 指示错误； 无辅助事故诊断功能	无相应的事故处理规程； 无准备处理事故； 无应急计划； 缺乏必要的培训	干预错误； 没有监视冷却剂的装置； 对物理现象的理解不足	缺乏安全意识； 没有经验反馈； 没有足够的外部控制； 没有足够的严肃性和运行管理

切尔诺贝利事故

外部环境	设　计	运　行	人　因	管　理
时间：深夜 电网调度的干预； 较好的利用率有嘉奖	堆芯不稳定； 控制系统复杂； 反应堆厂房的设计不能在事故情况下保证对放射性产物的屏障	试验过程先入为主； 无确切的事故处理规程； 没有对事故处理的培训	违反规程； 缺乏事故处理的培训； 无核安全文化意识	缺乏对潜在事故的分析和研究； 缺乏外部控制和监察； 无经验反馈； 无足够的严肃性和运行质量

完整的核安全图象就是这样逐步得以建立的。管理层所采取的措施及人员对核安全的参与,完善和加强了设备及其管理方面的安全措施,这一新的对核安全的理解,就形成了“核安全文化”的概念。

(三) 核安全文化的定义

切尔诺贝利核设施事故是引发“核安全文化”这一概念的起因,为此,国际原子能机构(IAEA)的国际安全咨询组(INSAG)出版了一份报告:INSAG-4,详尽地阐述了“核安全文化”这一概念。INSAG-4 报告对核安全文化作出了如下的定义,即:

核安全文化是存在于单位和个人中的种种特性和态度的总和,它建立一种超出一切之上的观念,即核设施安全问题由于它的重要性要保证得到应有的重视。

(四) 核安全文化的特征

如图 3-2 所示,核安全文化是所有从事与核安全相关工作的人员参与的结果,包括核设施员工、核设施管理人员及政府决策层。

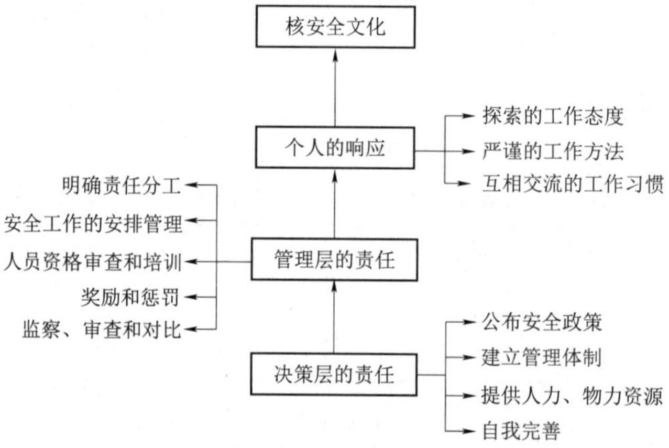

图 3-2 核安全文化的内容

与核安全相比,核安全文化是一种意识形态:人们对其价值的认同,人们考虑它的优先次序,人们为它所作的贡献。这种意识形态培养着人们的工作态度和方法。

换句话说,核安全文化不仅仅是专业性和严密性的问题,而且与行为密切相关。但是,人的行为取决于人与人之间的相互关系,核安全文化不但是个人和整体的安全态度,而且是与管理作风密切相关的。

核安全文化作用于或表现在核设施领导阶层和国家政策方面和个体的行为这两个领域。

对管理决策层而言,他们必须通过自己的具体行动为每一个工作人员创造有益于核安全的工作环境,培养他们重视核安全的工作态度与责任心。领导层对核安全的参与必须是公开的,而且有明确的态度。

对个人而言,必须具有质疑的探索的工作态度、严谨的工作方法以及必要的相互交流。

只有各个层次的人在自己的岗位上尽职尽责,满足核安全的要求,核安全文化才会得到发展和提高。

INSAG-4 对各个层次的人员均定义了他们的责任,这些定义包括:

1. 对政府决策层而言必须做到：

(1) 制定核安全政策，这些政策是全体工作人员的行动指南，是营运单位的工作目标，它应明确单位领导对安全的承诺；

(2) 明确核安全职责；

(3) 建立独立的梯级安全监督部门；

(4) 提供核安全所需的充足称职的人力资源。

2. 对营运单位管理层而言，他们的职责是：

(1) 明确和定义各级的责任和分工；

(2) 制定并检查工作方法；

(3) 对人员进行资格审查和培训；

(4) 建立合理的奖惩制度；

(5) 建立和实施完整的监察、审查和对比的措施，例如对培训计划、人事任命程序、工作方法、文件管理和质保系统等定期审查。

3. 对个人而言，应该具有以下的优良品质：

(1) 探索的工作态度；

(2) 严谨的工作方法；

(3) 互相交流的工作习惯。

4. INSAG-4 清楚地论述了核安全文化对各级人员的要求及其责任：

(1) 凡事都要问个为什么，不要满足已获得的结果，不要刻板地执行规定而要游刃有余。

(2) 谨慎、严密、自我约束、严格自我要求、行为踏实有效、对自己的行为负责。

(3) 互相交流的工作习惯、信息透明、积极参与、发现错误及重视经验反馈。

(4) 以上这些同时适用于管理人员、核设施一切人员，也包括外部承包商。

(五) 核安全的基本知识

1. 核安全的定义

核安全就是核设施在其设计、制造、运行及停役期间为保护公众及环境不受可能的放射性危害所采取的所有措施的总和。这些措施包括：

(1) 确保核设施的正常运行；

(2) 预防事故的发生；

(3) 限制可能的事故后果。

核设施正常运行期间，必须严格控制对环境的放射性废液及废气排放。这一控制包括对废物的取样分析，精确地知道放射性产物的排放浓度，使其排放低于根据国家环保局规定的年排放量控制值而制定的排放标准。如果分析结果表明放射性产物的排放浓度高于规定的标准，营运者必须对其进行再处理，直到满足要求为止。国家环保局对核设施放射性废物的年排放量有严格的要求。这一措施保证了核设施正常运行期间对公众和环境的保护。核设施的目标是不断减少放射性的排放。

核安全定义中所说的措施包括了设备、人员及组织管理三方面的内容。

(1) 核设施设备的设计，加上所使用的规程及自动化的实施，使这些设备发生故障而导致事故的可能性降到最低。

(2) 如果某类设备万一发生缺陷,那么,核设施的其他设备能确保限制事故发生的概率和降低事故的后果。

(3) 设计及运行核设施设备的人员,其专业技能将通过以下两方面的训练获得,即:

1) 相应的专业及责任心的训练;

2) 核安全文化的熏陶,这使他们明白每一项活动的重要性。

核设施的执行人员必须具有严谨的工作作风和时刻保持警觉的工作态度,管理机构必须能够适应核安全方面的要求。

如果核设施工作人员的生产活动不能在适当的工作环境中进行(这种环境取决于管理机构),核安全的保证也无从谈起。同时,这个管理机构必须包含一个质量系统,它能保证以下几方面的内容:

(1) 严格的责任分工;

(2) 严密合理的工作质量控制;

(3) 情况需要时,人力物力的供应(如应急计划等)。

这些措施的应用在核设施的设计、建造、运行及退役期间都是同样重要的。

2. 纵深防御原则

为了保证较高的核安全水平,应采取多种多样的且相互独立的措施。当某类措施失效时,其他的措施能有效地防止事故的发生或限制事故引起的后果。这些措施的总和就是纵深防御原则。

纵深防御原则就是考虑到技术的、人为的以及组织管理上的失效,而为此设立的多层次的防御线。一般说来,对于任一失效均有三道防线加以预防。

纵深防御原则是一种贯穿于核设施整个寿期(包括退役在内)各个阶段内各项生产活动的安全设计思想。

纵深防御的每道防线必须可靠并尽可能地相互独立。每一道防线都必须作为最后一道防线来考虑。其三道防线可以简述为:

(1) 预防:防止缺陷的产生。

(2) 监督:通过控制、测试和监测等手段提前或及时发现设备缺陷。

(3) 行动和措施:限制缺陷出现的后果并避免其重复出现。

核安全三大功能的保证是保护公众和环境的根本。它们是保证三大屏障完整性的根本。如果三大屏障出现缺陷,它们能限制缺陷所带来的后果。

二、核设施相关核安全文化的管理

(一) 决策层的责任范围及其体现

1. 决策层的责任范围

决策层的责任首先是发布相应的核安全政策,从而阐明核安全文化所应包含的任务和目标。该政策规定了以下目的及优先程度:

(1) 明确规范机组运行期间的核安全要求;

(2) 确保在核设施各个层次上核安全目的、要求、原理的合适性;

(3) 确定核设施各个与核安全相关的职能部门的责任及分工。

决策层的责任同样也通过实施质量政策而表现出来。这一政策用质量控制和质量保证手段来评价核设施的安全等级，并使之维持在一个永不降低的水平上。

质量控制与质量保证过程的目的是在核安全要求的遵守方面获得充分的信心。这一政策不仅适应于核设施，也同样适应于设备制造商。它的内容包括：

(1) 巩固加强所获得的结果，对需要改进的地方加以改进；

(2) 激发质量系统所有执行者的参与；

(3) 根据国内与国际当局有关质量方面的要求，配置相应的质量管理部门。

2. 决策层责任的体现

除通过核安全政策和质量政策来体现外，核设施决策层的责任还可以通过交流表现出来，交流的方式包括：信函、各种与目标要求及方法相关的会议、以及对重大改进的密切跟踪等。

(二) 核设施管理层的职责

作为日常负责核安全的核设施负责人，要使用各种必要的手段建立核安全文化：

1. 核设施负责人对核设施核安全文化的建立与实施负全面长期的责任，这一责任的体现可以通过与内部(日报、电视监测、信息、会议等)的各种交流以及外界的各种联系(公众、当局、新闻媒介等)体现出来。

2. 另外还通过成立核安全技术小组和核安全委员会等，以及它们对核安全密切细致的跟踪与监督工作来表现这一责任。

3. 通过工作现场的经理负责制以及对某一特殊活动的进展情况的关注来表现这一责任。

4. 通过对各种核安全指标的跟踪进行工作。这些核安全指标需进行定期的交流，解释及评价。通过这些指标，核设施的日常活动、目标、工作进展等便一目了然，这些用来控制核设施的基本指标，同时也是对核设施进行评价的最好根据，也是引入激励机制的因素之一。

5. 营造良好的工作环境，核设施管理层的责任之一就是要创造成功的工作条件(有利于交流、有利于激励机制的建立和运作、有利于提高工作方法的可靠性)以及保证工作的正常进展。

6. 建立相应的质量系统，每一个核设施都应建立相应的质量系统，这一质量系统在《核设施质量保证程序手册》(PQOM)中进行了详尽的描述。该手册汇集了各种条例、指令、各部门的职责和任务、以及为保证运行期间的质量应采取的对策等内容。

核安全文化所需达到的目的就是：核设施的每一个员工都必须清楚自己的工作责任，如果每一个执行者都能充分理解手册中各种要求的阐述及评价，便能准确迅速地加以应用。

(三) 核安全文化作用的发挥

核安全文化发挥作用可以说主要有赖于执行责任制(理解该做什么，有合理的计划，并按计划执行，评价执行后的结果等)，而不是机械地执行某一规程。

1. 工作能力的管理

招聘过程与培训过程：各级负责人应使用自己的职权，挑选对完成必要的工作任务以及责任心方面具有潜质的人员。

核安全授权：各级负责人应充分了解下属完成某项与核安全任务相关的工作能力，这些能力主要体现在两个方面,即专业和技术的掌握程度以及对风险的预防能力,还包括对系统的了解程度、质量保证意识和核安全文化意识。

为了进行授权,应综合考虑经验、培训、专业才能。工作能力是通过下面的工作过程体现出来的:执行、监控、准备与工作知识等。

2. 定期考核

随着时间的推移,某些不常用的能力将会退化,因此,应进行定期的考核,以保证其能力的可用性,以备必要时所需。

通过这些措施,可以保证核设施管理层在责任制与能力的管理方面能取得有成效的结果,能够有力的推动核安全文化的建立和普及。

3. 奖励与惩罚

为了促使核安全文化的完善,核设施管理层不仅要通过奖励,而且要依靠自己的认识来冷静地处理问题。

与核安全相关的任何有利建议都应当加以奖励。核设施管理层应该充分了解所获得的结果,然后还应使之一目了然。事情了解得愈清楚,奖励愈能取得成效。

当发生某些错误时,如果这些错误不是严重的疏忽造成的话,不应该使员工有犯罪感,而应当把这些错误作为一种有用的信息加以利用。即使是由于严重疏忽造成的,经理们也应营造一种信任的谈话气氛,以便正确地指出其所犯错误的原因和采取相应的对策。只有在最必需的场合下,才使用惩罚的手段。

核安全文化的发展,是建立在核设施每个责任者参与的基础上的。

4. 监控与监查

职责的定义与体现、工作能力的训练与管理是维持运行安全良好状态的基础。除此之外,还应该监控实施的有效性和进展的连续性。监控是一种必不可少的手段,它确保了核设施协调一致的行动以及必要的提前干预与反应行动的实施。

(1) 要监控决策层的决定和行动方向是否在各级行动机构中得以实施,检查所应采取行动的一致性和有效性,同时还要保证各级机构的日常动作。

(2) 为了达到有效监控,监查工作必须是公正的,要为所有的人所接受并被认为是进步的因素之一。核安全与质量监查部门保证了这一目标的实现。

核安全与质量监查部门的任务是协助、建议和监查核安全分析与质量分析,他们直接对厂长负责。这一工作的独立性与冗余性,为核设施管理层责任的实施提供了可靠的保证。

1) 由于核安全与质量监查部门的专业能力和工作独立性,通过他们日常的与核安全相关的工作,对其他部门起到了建议与支持的作用。

2) 自我评价是监控的一种辅助手段,这项工作在核安全质量监查部门的帮助下,由各部门经理负责进行。

3) 应对质量、纵深防御防线的维持、所获得的结果以及处理偏差所采用的方法进行分析。

4) 内部评价过程之后,核安全监督部门将进行外部监控以确保核设施自我评价结果的质量。

了解核设施决策层和管理层职责的核安全局,以及把核安全自觉地放在工作首位的核设施领导层同脑海中时刻关注核安全的管理队伍，要使核安全文化的意识深入到各个层次，各个专业。核安全文化及其改进的实质就是使核设施每个员工都知道如何做，使每个员工都行动起来。

三、个人对核安全文化的理解与应用

（一）核工厂中每个员工的职责

核工厂的每个员工通过其本身的责任、对核安全的主动性、严谨的工作态度以及他本身的专业能力，对核设施运行安全起着非常重要的作用。

每个员工均在其日常工作中对核安全发挥影响，他所提的每一个问题、他对问题的思考、他对参与的工作给予的关注和努力等均是核安全文化的真实表现，员工个人行为可主要归纳为表 3-2 的内容。

表 3-2　个人行为

探索的工作态度	严谨的工作方法	相互交流的工作习惯
我了解这项工作任务吗？ 我的责任是什么？ 它们和安全的关系如何？ 我具备完成任务的必要技能吗？ 其他人的责任是什么？ 有什么异常情况？ 我是否需要帮助？ 会出什么错？ 出现失误会造成什么后果？ 应该怎样防止失误？ 万一出现故障，我该怎么办？	弄懂工作程序； 按程序办事； 对意外情况保持警惕； 出现问题停下来思考； 必要时，请求帮助； 追求纪律性、时间性和条理性； 谨慎小心地工作； 切忌贪图省事	从他人处获取信息； 向他人传送信息； 无论是正常状态还是异常情况都要汇报工作结果，并作书面记录； 提出新的安全建议

（二）个人对核安全文化的应用

纵深防御原理以及质量控制基本原则，均体现着核安全文化的直接作用。

任何事情都可能有意外。基于这一观点，核设施采用了纵深防御的原理。

这一防御原理不仅仅只适用于核设施的设计，同时也适用于核设施的运行、维护活动，尤其是某些非常规的特殊机组状态以及突发性的异常、故障等。

工作的质量与质量控制都属纵深防御的范畴；所有运行和维护活动也属于纵深防御的范畴。个人对于这些活动的思考和实施都显现出核安全文化的具体影响。

1. 工作前的考虑：积极预防

质量控制开始于工作人员的准备阶段，质疑的工作态度是确保工作准备质量的前提。必须考虑的内容包括：

（1）工作准备（与设备状态的相容性等）；

（2）确保准备工作无任何疏忽；

（3）消除有风险的操作；

（4）要考虑到出现意外时的对策；

（5）意外情况下应采取的行动；

（6）估计工作所需的时间。

2. 工作期间的保证:认真监督

监督与检查是纵深防御的辅助防线,以此来确保正确遵守规定的情况。每个人都应该认真做到:

(1) 确信并检查所有工作均按预先的计划进行;

(2) 按程序办事。

3. 工作后的纠正与检查:经验反馈

机组的日常运行过程中需进行大量的与核安全有关的活动。这些活动的进行和实施就是经验的积累过程。经验需要通过对偶发事件的实际处理以及控制管理这些事件过程的总结来完善。

经验是具有积极意义的,它是核工厂从业人员个人价值的重要体现。但经验如果不加以正确利用或者不利用就等于无用。积极参与到经验反馈的活动中去,是个人实践核安全文化思想的具体体现。因此,我们应毫不犹豫和毫无保留地描述我们是怎样地处理了一起事故、攻克了一道难关、组织了一项生产活动、解决了一个问题。这样才能形成相互交流的工作习惯,达到经验共享、好的实践为大家所知、合理利用的目的。

4. 个人对核安全文化中质量保证的理解和运用

系统运行期间,保持与核安全要求的一致性,将使核安全得到最好的保证。

如果能提供有效的承诺与保证,那么,核设施的安全营运是可信的。质量保证是所有与核安全相关活动的基础,而周期性的总结和概括是营运者达到预定目标的标志。

核设施从业人员通过其工作方法和监控手段,来获得可靠的运行质量以满足核安全局提出的核安全要求。这一工作方法和手段不能偶尔为之,必须持久、确实可靠地保持与核安全要求的一致性。也不能凭印象办事,与核安全要求的一致性必须有据可查,建立在文件的基础上。只有质量保证才能给出可信度,因为它是以进行各项活动建立的文件为基础的。也只有通过这一手段,才能使每一项生产活动的质量及与核安全要求的一致性得到保证和证实。为了证实机组维持了运行核安全水平,工作人员实践了核安全文化,质量保证措施的运用是最基本的保证。质量保证是纵深防御的根本。

质量保证的各个不同步骤分别是:

(1) 提出要求和标准;

(2) 制定行动措施以满足要求和标准;

(3) 找出可能出现的问题;

(4) 制定出避免出现这些问题的手段;

(5) 编写与行动措施相关的必要文件;

(6) 预先制定监督与检查措施;

(7) 如有必要,进行偏差的处理。

执行工作的个人,在进行工作准备的时候,完善以上各项措施。运行期间,所有这些步骤的实施是通过运用质量基本法则来实现的。如:

(1) 一个运行规程,它的每一步及每一项操作必须使系统在任何时刻都保持与核安全要求的一致性。

(2) 一个实际工作方法,规定如何完成某项工作并确定不能变更的关键点。这样便可以在工作之前,估计质量要求是否达到,核安全要求是否得到了满足。或在工作之后,通过对偏差的检测和分析来进行这一评价工作。

(3) 从对工作过程记录的文件出发,文件的管理可以判断出目前得到的结果是否和以前得到的结果一致。

(4) 不符合项和异常项的处理必须证明:或者处理后某偏差相对于核安全的要求是可以接受的,或者所采取的措施消除了偏差。也就是说,对不符合项和异常项的处理应重新获得实际与要求相一致。

质量的组织管理,就是管理质量保证所采取的措施的总和,又称作质量系统。

质量系统是为核安全要求得到满足,核安全文化全面普及和提高提供一种信心和证明!核设施从业人员每天在以自己认为满意的方法履行自己职责的同时,必须提供核安全水平得到维持的保证。核设施从业人员通过展示自己的责任和信誉,使公众获得对核安全的绝对信心,是我们核电工作者每天义不容辞的工作,也是核安全文化的最终实现。

第二节　安全生产与劳动保护知识

一、安全生产相关知识

(一) 安全管理的基本知识

1. 安全管理的含义

核设施的安全管理是为实现生产过程中的人员和财产的安全而组织和使用人力、物力、财力等各种资源的过程。它利用计划、组织、协调、指挥等管理职能,控制来自生产过程中机械的、物质的以及自然界的不安全因素和人的不安全行为,避免发生事故,保障职工的安全健康和核设施财产的安全。

安全:是指在生产过程中人不受到伤害,设备或财产不受到损失的状态。

健康:在生产过程中,保证职工的安全和健康是安全管理的重要目的。这里所说的健康不仅仅是"身体健康"的意思。健康按照世界卫生组织的定义是:"所谓健康不仅是指身体没有疾病或体魄健壮,而且是指身体、精神、社会关系三个方面都处于完全良好的状态"。精神健康是指人的心智健康、充满信心的状态。"精神健康"应满足以下三个条件:

(1) 身心功能得到充分发挥;

(2) 环境适应性强;

(3) 能充分发挥自己的能动性。

危害:指可能造成事故的客观事物或环境。例如:放射性、高温、高压、噪音等。

风险:指造成事故的机会或可能性。风险越大,越容易发生事故。

此外,根据风险造成的后果(即事故)的严重程度,将风险分为如下 4 类:

(1) Ⅰ类:致命的(死亡)

(2) Ⅱ类:严重的(重伤)

(3) Ⅲ类:危险的(轻伤)

(4) Ⅳ类:可忽略的(基本不会造成伤害)

因此,风险大小有两层含义:一是发生事故可能性的大小;二是事故后果或潜在后果的大小。所谓降低风险就是降低事故发生的概率,限制事故的后果。

危害和风险的关系,危害是风险存在的客观依据或基础。没有危害,即没有这样一种客观存在,也就没有风险。但是风险及其大小并不完全取决于危害的大小,而是和人对危害的认识以及采取的相应行为有直接关系。

核设施的安全管理包括工业安全、辐射安全和核安全。

2. 安全管理的某些原理

从本质上讲,发生事故是一种随机事件,是有偶然性的。这样就不可能存在有确切的规律。但是在一定条件下,用科学的仪器和手段,通过经验的积累和分析,可以找出发生事故的近似的规律,即从外部和表面的联系,找到内部的决定性的主要关系。也就是从偶然性中找出必然性。

经验表明,"人因失误"造成事故并不仅仅因为人与机器的关系没有处理好,属于人与人之间的关系方面的问题不可忽视。在这方面,主要涉及以下三者之间的关系:

(1) 工人—工人之间;

(2) 工人—管理人员之间;

(3) 工人—领导人员之间。

如果这三方面的关系处理、调整得当,就能创造良好的工作环境。(这里所谓工作环境不仅仅是外在的空间或硬件设施,而更重要的是指人的心理状态和情绪。)就能大大提高职工的安全意识,并在安全管理中充分发挥每个职工的主观能动性,形成企业的安全文化。反之,如果人与人关系处理不好,则会挫伤工人或管理者的积极性,出现深层次的安全隐患。在极端情况下,甚至会导致"故意失误"。现在,国际上越来越重视人与人关系的重要性。

正确处理人与人、人与机器、人和机器与环境三者之间的关系,通过计划、组织、协调、控制等各种手段和方法,使核设施的安全管理制度、规程、程序得到落实,使人—机—环境系统达到平衡,生产顺利进行,从而保证人和机器的安全。

3. 安全管理制度

一个企业必须要贯彻、执行国家的安全生产的有关法律、法规,还必须根据本企业的性质、工艺、特点制定自己的安全管理制度,并认真执行。这样,才能把国家的法律、法规落到实处。

核设施的安全管理制度就是在本厂范围内的安全法规。目前,国际上正趋向所谓"绩效型"的法规,绩效型的意思是看法规的有效性,要看综合的效果,要看总的效益。这个效益包括安全的、经济的、社会的综合结果,而不是机械的、片面的强调某个方面,而不计其余。当然,这样法规的制定、执行都要有更高的水平。核设施的工业安全管理制度的制定、执行体现绩效型的思想。

(二) 事故预防

1. 发生事故的原因

安全生产是一门综合性科学,既包括自然科学,也包括社会科学。发生事故的原因也是各种各样的。综合分析主要有以下几个方面:单位领导和职工安全意识淡薄;安全生产责任制不落实;对事故没有按"四不放过"原则处理;安全管理法规不健全;安全培训教育不重视或不培训。

下面,我们重点从专业技术角度分析发生事故的原因。从专业技术上有根本原因和直接原因之分:

(1) 发生事故的根本原因

事故的根本原因是管理上的缺陷,而管理上的原因通常可分为下列几类:

1) 工程设计管理问题

从宏观上说,工程设计管理中的主要问题是没有做到“三同时”。“三同时”是指工程的安全设施要与主体工程同时设计、同时施工、同时投产。从微观上说,工程设计管理中的问题是设计偏离标准或标准本身不完善。

2) 教育、培训问题

这类问题主要表现在安全知识、操作技能等方面的教育培训不充分、不及时或不恰当,甚至根本不进行培训。常见的缺陷是培训脱离实际,内容陈旧,缺乏针对性等。

3) 管理机制的问题

这类问题包括安全责任、规章制度、安全监督、劳动纪律、施工的报告、调查分析等各方面的缺陷。

4) 个人因素问题

个人的健康、精神、个性、态度、动机、反应能力等方面的问题。这类问题与企业的环境有很大关系。

(2) 发生事故的直接原因

事故的直接原因包括:不安全状态;人的不安全行为;自然灾害。其中主要直接原因是人的不安全行为。

1) 不安全状态

不安全状态是指一切不符合安全规范和标准的,可能导致事故的各种状态。按我国国家标准《企业职工伤亡事故分类》(GB 6441—1986),不安全状态分为:

Ⅰ类:防护、保险、信号等装置缺乏或有缺陷;

Ⅱ类:设备、设施、工具、附件有缺陷;

Ⅲ类:个人防护用品缺少、有缺陷;

Ⅳ类:工作场地环境不良。

2) 不安全行为

不安全行为是指一切不符合安全规章制度和操作规程的,可能导致事故的各种行为。按我国国家标准《企业职工伤亡事故分类》(GB 6441—1986),不安全行为分为12类:

Ⅰ类:操作错误、忽视安全、忽视警告;

Ⅱ类:造成安全装置失效;

Ⅲ类:使用不安全设备;

Ⅳ类:用手代替工具操作;

Ⅴ类:物体存放不当;

Ⅵ类:攀、坐不安全位置;

Ⅶ类:在起吊物下作业、停留;

Ⅷ类:机器运转时在机器上进行不适当的作业;

Ⅸ类:有分散注意力的行为;

Ⅹ类：忽视使用个人防护用品；

Ⅺ类：不安全装束；

Ⅻ类：对危险品处理错误。

3）某些自然灾害造成事故

有些自然界的现象会造成事故，例如雷电、洪水、台风、地震、龙卷风、高温等。

2. 事故预防的一般原理和方法

事故预防，传统的方法通常是通过实际事故率与目标事故率的对比来判断。这种作法的主要缺陷在于，当事故率上升之后，或发生事故之后才会引起警觉，采取补救措施。这种做法又称为“指标反应法”。目前，国际上在这方面采取的另一种做法叫“指标超前法”。这种方法是在事故发生前，对安全管理的系统及措施进行评价，预测安全状态的变化，然后将评价和预测的结果与系统的安全指标相比较，从管理上找出漏洞和薄弱环节，从根本上采取纠正行动，进行事故预防。

由于危害及风险的客观存在以及事故的偶然性，要完全预防事故是不可能的，但大部分不安全现象和不安全行为是可以预防的。就预防方法而言，分为事后追查型预防方法和事前预测型预防方法。

(1) 事故后追查型预防方法

这种方法是事故发生后组织调查、分析，并针对事故原因采取预防性措施，以防事故重演。这种方法具有针对性强的优点。但是，由于管理问题不是短时间可以改观，已成习惯的不安全行为也不是短时间内可以消除的。因此，从总体上讲，这是一种被动的方法。如果在事故调查、分析时，流于形式，浮于表面，防范措施一般化，那么，这种预防方法虽有针对性强的优点，却不是一个全面的、有效的方法。

(2) 事先预测型预防方法

事先预测型方法是分析发生事故的条件和原因，对危害和风险进行研究，然后提出针对性的预防措施。这是一种主动的、根本有效的方法。

分析、预测不安全问题的方法通常分为三种：一是做风险分析，二是进行安全检查，三是做安全评审。

风险分析是运用于一切生产活动的基本工作方法，对某一项作业做出危害和风险分析，然后提出针对性的措施，落实这些措施并提高操作人员的警觉性。

安全检查通常是针对硬件或制度执行情况的。通过巡检、定检以及根据作业特点、季节不同进行的检查。主要手段包括目测、定期试验、定期盘点、定期维修、询问、查看，以达到安全的目的。

安全评审，其着眼点是检验安全管理的机制，即机制的完善性和有效性。它是由专业人员通过评审发现管理方面的问题，解决不安全因素，以消除发生事故的根本原因。

3. 预防事故的措施

预防事故必须采取措施，从根本上解决安全工作中存在的问题。例如，生产单位要建立健全安全生产法规体系；明确职责和工作重点，切实健全和真正落实安全生产责任制；抓好安全生产的宣传教育和职工安全培训工作；对发生的责任事故要严肃查处；切实加强隐患整改。这些措施已经被实践证明是有效的。

对事故预防，从专业技术上，我们应从树立安全意识做起。

(1) 树立安全意识

安全意识是指一个人对安全的体会和认识。安全意识是安全行为的基础，对安全没有正确的认识，就不会有自觉的安全行为。每个人的安全意识的高低可以通过以下几个标准来衡量：

1) 对生产活动中所存在的危害、风险的认识

每个人都在某个生产环境中工作，对该环境中作业的风险应有清醒的认识。例如：在氧气站动火有什么危害和风险，要采取什么措施？在供取料厂房作业有哪些危害和风险，要采取什么措施？在级联大厅作清洁工作有哪些危害和风险，要采取什么措施？等等。

2) 对经济损失的意识

即对事故造成的物质损失的认识。

例如：因事故造成的停机损失；事故造成的设备损坏导致的维修费用、额外用工费用、医疗保险费用等。

3) 对同事安全的意识

即不安全的行为或隐患会伤害自己的同事。

例如：孔洞不加围栏，排水井不加盖板，造成他人坠落；脚手架不规范，造成他人坠落；动火不按规定，形成火灾危及他人；等等。

4) 对家庭幸福的意识

即事故造成家庭不幸。

例如：如果因事故伤亡、致残，会给家庭带来打击、悲伤、经济负担等。

5) 自我保护的意识

即自己保护自己的认识。

例如：作业前的风险分析；验证关键点；严格按规程办事；正确使用劳保用品；搞好协作与协调；不冒险等。

发生工伤事故就是对自己的伤害，不发生事故就是保护了自己。

6) 对安全规程的意识

即熟知安全规程，按章办事。例如：一是熟知规程，懂得遵守安全规程的重要性，二是要有按章办事的态度，不图省事，不走捷径，规程怎么说就怎么办。

事实证明，80%以上的事故都是由于操作者或组织者缺乏安全意识，安全教育不够引起的。因此，要减少事故，就必须对工作人员进行严肃认真的安全教育，树立牢固的安全意识，并转化为工作人员自觉的安全行为，再通过实践，进一步加深对安全的体会、理解和认识，进一步提高安全意识。

(2) 开展无事故活动

开展无事故活动是事故预防的重要措施。无事故活动有三个重要支柱，这就是领导的经营管理方针、系统化管理和岗位自主无事故活动。它们互相联系、互相支持，无论缺少哪一个环节都不行，三者之间的关系如图 3-3 所示。

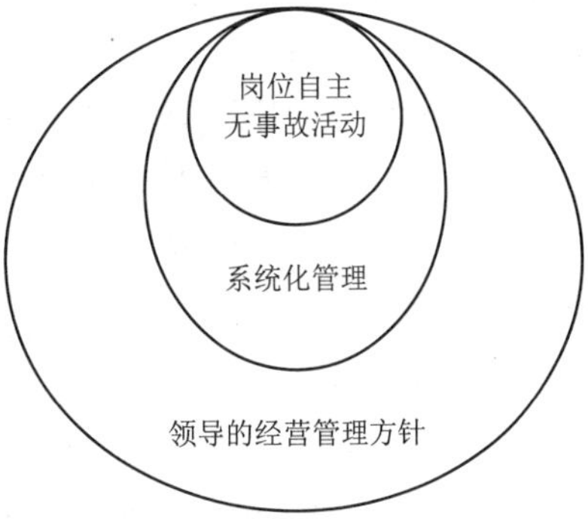

图 3-3 无事故活动三支柱

1）领导的经营管理方针

企业领导为实现安全无事故，其经营思想应该是“安全第一”，搞好生产管理，首先要搞好安全，不出事故。应该说，预防事故的各种主意首先出自企业领导。

2）系统化管理

为了实现安全，科室、车间负责人和班组长应把安全和生产活动结合起来实践，按系统进行彻底的安全管理。

3）岗位自主无事故活动

每位职工都应把安全看作自己切身的事情，也应看作同事之间的重要事情。如果人人都能本着不伤害别人、不被别人伤害的原则搞好无事故活动，就能尽量减少事故。

二、正确使用劳动保护用品

(一) 精神状态对安全的影响

1. 工作时要保持良好的精神状态

在人们正常工作时，大脑意识水平经常处在能动和被动两种状态下，信息处理能力高，失误少。但当大脑意识水平处于迟钝状态，或恐慌状态时，信息处理能力低，失误多。

2. 人的大脑意识水平(精神状态)

人的意识水平可划分为无意识、迟钝、恐慌、被动、能动5个等级。

无意识：在熟睡或癫痫情况下，大脑完全停止工作，不能进行信息处理。

迟钝：过度疲劳、作业单调、困倦、醉酒等。

恐慌：任务过重、精神紧张等。

被动：从事熟悉、重复的工作，大脑不必主动思考，而是习惯性被动工作。

能动：从事复杂、不熟悉、分析性工作，大脑积极思考、清晰有效、主动处理信息、能动性工作。但持续时间不会太长。

应使工作人员大脑处于被动和能动两种状态下工作。而避免在迟钝、恐慌精神状态下工作。

3. 疲劳是迟钝的常见原因

工作人员应避免在迟钝的意识水平下工作，疲劳是造成迟钝的原因，在精神疲劳时，大脑处理信息的能力极低，易出事故。

疲劳的表现为：无力感；注意力失调；感觉能力失调；动觉能力紊乱(动作走形)；记忆和思维故障；意志衰退；产生睡意。

造成精神疲劳的原因有：工作单调；脑力和体力劳动的时间过长；环境条件不适合生理和心理需要，如噪声、通风不好等；精神因素，如烦恼，工作或生活压力，人际关系不好等。

疲劳程度与劳动效率成反比，与事故率成正比。因此，当员工感到疲劳，感到或被发觉身心不适于某项工作时，他必须停止工作。

4. 极度紧张是恐慌的原因

工作人员应避免在恐慌的精神状态下工作，恐慌时大脑对所从事的工作注意力差，处理信息的能力差，易出事故。恐慌往往是精神紧张造成的。

人们在恐慌状态下，就会行动不具体，不协调，动作生硬，用力过猛，手脚不相遂，弄错操作对象或方向，忘记或弄错操作规程，极易出事故。因此，当员工感到恐慌或被发觉有恐慌表现时，应立即停止工作。

5. 保持良好精神状态的措施

(1) 改善劳动条件和环境。

(2) 调整劳动负荷量，达到适宜程度。

(3) 杜绝对身心有害的习惯：如酗酒、赌博等。

(4) 各级领导对员工要任务明确，分工合理，报酬公平，消除员工心理压力及不满情绪，化解各种矛盾。

6. 调整家庭、社会、人际关系

(二) 正确使用劳动保护用品

劳动保护用品是保护劳动者在劳动过程中的安全与健康的一种防御性装备。劳动防护用品又称劳动保护用品，一般指个人防护用品，国际上统称个人防护装备。

个人防护用品是指能够保护个人，防止伤害，限制事故后果的个人穿戴的所有衣物或器具。个人劳动保护是在所有集体保护措施之后，防范措施的最后屏障，是保证个人安全的最后手段。

个人防护设备包括头部的保护，听觉保护，眼部及面部保护，呼吸保护，手和脚的保护，身体的保护，高空作业的保护等。

1. 头部防护用品

头部防护用品是为防御头部不受外来物体打击和其他因素危害而采取的个人防护用品。

根据防护功能要求，目前主要有：普通工作帽、防尘帽、防水帽、防寒帽、安全帽、防静电帽、防高温帽、防电磁辐射帽、防昆虫帽等 9 类产品。

目前最常用的是安全帽。安全帽预防的风险：防坠落物打击；防狭矮环境碰头；高空坠落保护头部。常见问题：

(1) 运行巡检不戴安全帽。

(2) 维修时，因太热不戴安全帽。

(3) 高空作业认为安全帽无用而不戴。

(4) 戴安全帽不系拉带，摔倒或坠落时飞出，无作用。

要求进入工业性厂房或高空作业时必须戴安全帽。工厂企业人员在基建阶段进入施工现场必须戴安全帽。

2. 呼吸器官防护用品

呼吸器官防护用品是为防御有害气体、蒸汽、粉尘、烟、雾经呼吸道吸入，或直接向配用者供氧或清净空气，保证尘、毒污染或缺氧环境中作业人员正常呼吸的防护用具。

呼吸器官防护用品按防护功能主要分为防尘口罩和防毒口罩(面具)，按形式又可分为过滤式和隔离式两类。

当那些微粒(如尘粒、雾气、烟)通过人类的防御系统时，会直接进入肺部，这些物质会引起不同的伤害。

如那些污染物是气体或有机物质，当它们到达人体的肺部后会立即经血液循环系统进入其他器官,包括脑部。

缺氧会影响心脏,甚至会伤害脑部。

呼吸器官防护用品种类:

(1) 供气式呼吸器:当工作环境的含氧量低于19.5%或含有不知明气体或有害气体时(一氧化碳)使用。

(2) 免保养口罩(防尘口罩):能阻隔0.3 μm尘粒;针对气体和有机物,如酸性和碱性气体微粒。

(3) 半面式口罩:可长时间使用;针对防尘,可配防尘过滤器或过滤棉,可阻隔0.3 μm的尘粒;针对气体和有机物质,可配不同种类的防化滤罐。

3. 眼面部防护用品

预防烟雾、尘粒、金属火花和飞屑、热、电磁辐射、激光、化学飞溅等伤害眼睛或面部的个人防护用品称为眼面部防护用品。

根据防护功能,大致可分为防尘、防水、防冲击、防高温、防电磁辐射、防射线、防化学飞溅、防风沙、防强光9类。

如工作可能引致眼部受伤,而该危险又不能以工作方法或工程控制措施来消除,应使用合适的护眼用具。以下是一些可能引致眼部受伤的工作:

(1) 产生碎屑或微粒的金属、混凝土或砖石打磨、切割;

(2) 使用压缩空气以清除金属屑、尘埃或纤维;

(3) 从事金属熔液或固态的酸、碱、危险腐蚀性物体。

防护用品的种类:

(1) 安全眼鏡

安全眼镜通常较为轻便,它的镜片及镜架有防撞功能;此外,使用配有边罩的安全眼镜对眼睛可提供侧面的保护。

(2) 安全眼罩

安全眼罩较安全眼镜为重,在配戴者的面部,所以能提供多角度的保护。一般来说,安全眼罩保护眼睛、眼窝和贴近眼睛周围的部位,以免眼部被撞伤,或被尘埃和溅飞物体所伤。安全眼罩可分为直接透气式和间接透气式两类。

(3) 面罩

面罩可完全覆盖面部由前额至下巴以下部位。使用面罩可以保护面部及眼睛,免被尘埃和溅起的危险液体所伤。

(4) 焊接面罩/眼罩

采用适度滤光镜的焊接面罩/眼罩可保护眼睛免被红外线或强烈辐射线灼伤,并防止焊接和气体切割工作所产生的火花、金属屑和熔渣伤及眼部。

4. 听觉器官防护用品

能够防止过量的声能侵入外耳道,使人耳避免噪声的过渡刺激,减少听力损伤,预防由噪声对人身引起的不良影响的个体防护用品。

听觉器官防护用品主要有耳塞、耳罩和防噪声头盔3大类。

当噪音达到85 dB时,一定要佩戴适合的听力防护器,以解决工作场所的噪声危害。

防护用品的种类：

(1) 一次性耳塞：都是用海棉或发泡等柔软物质做成，因它能紧贴耳道，所以其隔音效果较佳；

(2) 多次用耳塞：用橡胶或硅胶的物料组成，紧贴耳道，可清洗，较耐用；

(3) 耳罩：将耳部整体罩住，有不同类型配合不同工作环境。

5. 手部防护用品

具有保护手和手臂的功能，供作业者劳动时戴用的手套称为手部防护用品，通常人们称作劳动防护手套。

手套预防的风险：可防粗糙或尖锐物扎手，烫伤，腐蚀，触电。

常见问题：为方便省事，不戴手套。

要求根据不同作业戴不同防护手套。

劳动防护用品分类与代码标准按照防护功能将手部防护用品分为 12 类，即：普通防护手套、防水手套、防寒手套、防毒手套、防静电手套、防高温手套、防 X 射线手套、防酸碱手套、防油手套、防振手套、防切割手套、绝缘手套。每类手套按照材料又能分为许多种。

6. 足部防护用品

足部防护用品是防止生产过程中有害物质和能量损伤劳动者足部的护具，通常人们称劳动防护鞋。国家标准按照防护功能分为：防尘鞋、防水鞋、防寒鞋、防冲击鞋、防静电鞋、防高温鞋、防酸碱鞋、防油鞋、防烫鞋、防滑鞋、防穿刺鞋、电绝缘鞋、防震鞋等 13 类，每类鞋根据材质不同又能分为许多种。

安全鞋预防风险：防落物砸脚、滑倒、脚掌被砸、脚趾压坏、穿刺、触电等。

常见问题：穿拖鞋或裸脚凉鞋，要严加禁止。

要求搬运重物、起重等作业时穿安全鞋。

7. 躯干防护用品

躯干防护用品就是我们通常讲的防护服。根据防护功能，防护服分为：普通防护服、防水服、防寒服、防砸背心、防毒服、阻燃服、防静电服、防高温服、防电磁辐射服、耐酸碱服、防油服、水上救生衣、防昆虫、防风沙等 14 类产品。每一类产品又可根据具体防护要求或材料分为不同品种。

“防护衣物”是“个人防护装备”的其中一类，它不仅可以作为工作服或制服，更可保护工作人员，防止各种危害引起的伤害，包括防止接触化学品或火焰、撞击、刺伤、辐射、严寒、酷热或恶劣天气带来的危害。

全身防护服(配备合适的呼吸器具一同使用)，适合处理石棉、大型喷油等工作。

防火及抗热全身防护衣物(配备适当面罩一同使用)，适合金属铸造、烧焊等工序。

专用衣袖、围裙和手套适用于处理酸、碱等化学品。

防护衣物本身也可能有潜在危险，例如衣袖或衣袋会被机器或滚筒夹住；当操作机器时，应穿着一些不太宽松的衣物，衣物应尽量贴身；所有拉链、衣纽及其他凸出的设计均须罩住，否则容易出现危险。

8. 防火及抗热

(1) 进行救火、铸造、烧焊等有关工作时，消防员或工作人员需要暴露于高热力及强冲

击力的环境中,所选用的防护衣物必须有防火及抗热的特性,避免被炙伤或严重烫伤;

(2) 烧焊及铸造人员的全身防护衣物应没有衣褶或复杂设计,以免火花或飞溅的热金属藏于其间而把衣物烧穿洞。

9. 防化学品

选择适用于防止化学品危险的衣物时,必须考虑以下要点:化学品是液体或固体(如粉状),属酸、碱或溶剂性质。

10. 防坠落用品

防坠落用品是防止人体从高处坠落,通过绳带,将高处作业者的身体系接于固定物体上,或在作业场所的边沿下方张网,以防不慎坠落,这类用品主要有安全带和安全网两种。

不同的工作要用不同的劳保用品,不能因为怕麻烦,就不穿戴个人劳保用品。

(三) 必须严格遵守安全规章制度

安全规章制度来源于前人的经验总结,违章犯纪就是走发生事故的危险道路。事故不仅造成自身损失,而且还会影响他人、企业和社会的利益。因此,遵守安全规章制度不能由个人的好恶而取舍,而必须人人遵守,强制执行。

另外,还需明确,虽然规章制度的执行是相对稳定的,但在企业的生产发展过程中,规章制度需要不断补充和完善。例如,生产机具的不断改变,生产任务的调整等,都可能对安全规章制度提出新的要求。而原有的规章制度也可能调整内容或有应予作废的内容。因此,必须根据实际情况及时修订与完善安全规章制度。修订完善后的规章制度还要组织再培训,要求操作人员熟悉它,严格遵守它。

1. 工作中必须加强协作和协调

协作与协调是保证员工作业安全的一个重要方面,特别是多个班组作业,多人在同一现场作业时,协作与协调的问题更为重要。工作中协作协调不当的表现有:

(1) 多头指挥,造成作业人员职责不清,信息混乱,发生误操作

例如:1999 年 7 月 8 日,上海某公司沪 A5 *** 4 号车在国内某核电公司仓储科作业,往车上吊集装箱。箱体吊上车,吊车鸣笛收车时,大件车司机在未得到指挥人员信号的情况下,突然启动车辆,造成该核电公司职工陈某由集装箱上跌落、摔伤。

(2) 运行人员与维修人员协作不好,运行人员交待不清,维修人员不仔细询问情况,盲目作业

例如,1993 年 12 月,国内某核电公司在电动疏水泵上检修作业,由于维修人员与运行人员联系不够,对泵体排水冷却情况不清,当工作人员打开泵体检修时,冒出大量高温水,险些造成人身事故。

(3) 作业人员之间,协调、协作不当,发生事故

例如,1988 年 8 月,国内某核电公司在 04 厂房二楼检查低压加热器安装时,因检查人员与安装人员协调、配合不当,设备突然起吊,滚杠滚动,压在张某左脚上,造成左脚二、三趾挫伤,四趾开放性骨折。

(4) 班组之间协作、协调不当,引起事故

例如,1986 年 9 月,国内某核电建筑公司一公司木工班李某等三人安钢窗,当李某检查窗户时,发现有两根脚手架支撑钢管搭在窗台上(架子班不该如此,使木工班无法作业),该

钢窗无法安装。李某想趁脚手架上无人工作，取下钢管，安好窗户后再把钢管恢复原状。谁知，当李某取下钢管不到 2 分钟，瓦工班隋某提着灰桶到檐下刷白，当他走到取走支撑管的脚手架探头板时，从五楼坠下，头先着地，送医院抢救无效死亡。

2. 如何搞好协作协调，避免事故

核设施任何一项作业的组织实施过程中都必须强调协作与协调，以保证集体和个人的安全。各方的工作组织者和作业人员应明确各自的身份、职责，保证在各自状态、特殊风险、安全措施等方面的良好交流与相互理解。对以下几点应予强调：

(1) 对单一班组的作业现场，工作负责人是唯一负责人。

(2) 对于有多个班组共同作业的现场，各班组负责人应主动协作、协调，绝不允许各自为政，必要时指定其中一位负责人为协调人，或另派专人为协调人。

(3) 运行人员与维修人员必须保持密切交流和协作，尤其对关键点，特殊安全事项，双方应有统一、明确认识。任何状态的变化(运行状态和检修状态的变化)都必须及时交流，并采取统一的相应行动。

(4) 工作前，工作负责人必须向全体作业人员交待清楚工作的性质，方法，安全措施。

(5) 工作准备人员应做好风险分析，不仅向作业人员交待清楚技术上的要求，还必须交待清楚作业环境，工具材料及系统风险的情况及应采取的措施。

第三节　环境保护知识

一、环境保护的重要性

(一) 环境基本知识

1. 环境的定义和分类

在环境科学中，环境是指以人类为主体的外部世界，主要指地球表面与人类发生相互作用的各个自然要素及其总体，包括地球表面的陆地、海洋和大气层。这是人类和其他一些生物赖以生存和发展的物质基础，也是人类开发和利用的对象。

环境是一个多层次、多结构的复杂系统，可按不同的方法分类。环境按空间范围可分为居室环境、厂房环境、村落环境、城市环境、区域环境、全球环境等。环境的空间范围随着人类认识能力和活动范围的开拓而扩展，现在甚至把影响人类的宇宙因素也包括在内，称为宇宙环境。环境按组成要素可分为大气环境、水环境、土壤环境、岩石环境等。地质学中把环境分为大气圈、水圈、土壤—岩石圈，而地球上凡有生物存在的地方又统称为生物圈，它包括从大气圈对流层顶部到地壳风化层和成岩层底部。环境还可以从生态学角度分为陆生环境、水生环境等。

2. 环境的基本特性与环境物质

(1) 特征

整体性：环境的各个组成部分和要素之间构成了一个有机整体。在不同的环境空间中，大气、水体、土壤、植被等自然环境物质有着相对确定的分布及相互作用的关系，从而具有特定的结构。通过相对稳定的物质和能量流动网络和彼此关联的动态变换规律，环境在不同时刻呈现不同的状态,这种整体性使环境成为一个系统,故又称为环境系统。

区域性:环境的不同层次或不同空间的地域,其结构形态、组织状况、能量与物质流动的规模和途径、稳定程度等具有相对的特殊性,从而显示出区域的特征。

变动性:环境在自然和人类活动的共同作用下,其内部结构和外部状态始终处于不断变化的过程中,其中,人类的活动可以促进环境定向发展,也可能导致环境退化。

修复性:一个环境系统在一定的条件下和一定的时间内,表现为平衡状态。当受到自然或人类活动的影响而打破平衡时,就会引起环境结构和状态的改变。只要这种改变不超过一定的限度,环境体系具有一种自动调节功能,可使这些变换逐渐消失,其结构和状态恢复原来的面貌,即当出现改变环境平衡的条件时,平衡会向削弱这种改变的方向移动,这就是环境的修复性。但是,当这种改变超过一定限度时,改变就成为不可逆转的了。

(2) 环境物质

环境中存在的具有一定环境活性,并对生命物质可能产生各种直接或间接影响的物质。例如,水体及其所含的各种化学物质,大气及其所含的各种组分等。

环境物质可由自然因素或人类活动而释入环境,并在环境中发生迁移、转化和积聚,从而对人类健康、生态平衡或环境质量产生影响。

通常,按存在状态的不同,可把环境物质分为大气、水、岩石、土壤和生物等几个大类;还可按对人类、生态和环境影响的不同,分为有害物质和无害物质两大类。

环境有害物质是指对人类健康、生态平衡或环境质量产生不利影响的各种环境物质。但是,有害与无害是相对的、发展的和变化的,随着数量和存在状态的改变,有害物质和无害物质之间可能发生相互转化。例如,硒是人体必须的一种微量元素,但环境硒含量过低或过高均对人体健康有害,又如,汞是有害物质,但由于土壤中的无机汞不易被植被吸收,因此对人体危害相对较小,而有机汞则相反,对人体危害很大。

3. 环境的污染与保护

(1) 环境污染

环境污染是指有害物质进入环境,经过扩散、迁移、转化和积聚,引起环境系统和功能的改变,导致环境质量下降,对人类或其他生物的正常生存和发展产生不利影响,这种现象就是环境污染。引起环境污染的物质或因子称为环境污染物或环境污染因子,它按形态有气、液、固及热、声、辐射等不同种类。向环境排放污染物或对环境产生有害影响的场所、设备和装置等,称为环境污染源。

(2) 环境自净

指环境受污染后,在自然条件下,在有限的时间内,污染物浓度或总量降低到不产生危害的程度。环境自净按其机理可分为:

物理自净:通过扩散、混合、稀释、淋洗、挥发、沉降、吸附等物理作用,使环境中的污染物得以净化的过程,称为物理自净。物理自净的能力除与污染物的物理性质(如粒度、相对密度、形态、表面活性等因素)有关外,还取决于环境的物质条件(如温度、气流、降水及地理条件等)。

化学自净:通过污染物与环境物质或不同污染物之间的化学反应(如氧化、还原、化合、分解、络合、离子交换、化学吸附等),使环境中的污染物得以净化的过程,称为化学自净。化学自净能力除取决于污染物的化学性质和化学形态外,还与环境物质的酸碱度、氧化还原电位、温度和化学组成等因素有关。

生物自净：通过自然界中的生物对环境污染物的吸收、降解、转化、富集等作用，使之得以净化的过程，称为生物自净。生物自净能力除与污染物有关外，主要取决于生物的种类、环境温度和供养状况等。

(3) 环境保护

环境保护系指人类为解决现实的或潜在的环境问题，维持自身生存和发展而进行的各种具体实践活动的总称。自20世纪50年代以来，由于工农业的迅速发展和对自然资源的盲目开发，使环境遭到了严重污染和破坏，环境质量急剧下降，生态平衡严重失调，环境问题已成为危及人类健康，制约经济发展和文明进程的全球性问题。世界各国纷纷采取科学技术、行政管理、司法、经济、宣传、教育等各种环境保护措施，努力防治环境污染，合理利用自然环境，逐步重建人类与环境之间的依赖关系，促进社会与环境的协调发展。

(二) 环境中的核辐射

1. 环境辐射源

地球上每一个人都受到各种天然辐射和人工辐射的照射。其中，来自天然辐射源的电离辐射称为天然辐射；来自人工辐射源的电离辐射称为人工辐射。对人类群体造成照射的各种天然及人工辐射源称为环境辐射源。

2. 天然辐射源

天然辐射源来源于宇宙辐射、陆地辐射、氡和矿物开采所致的辐射。

太阳是人类接受到的最大天然辐射源。我们接受太阳辐射的能量主要是可见光，红外线，远红外，还有紫外线。由于太阳和地球的距离很远，因此强度也大大降低了。天空打雷，地震和火山爆发等也会产生较强的电磁辐射。一些宇宙天体也向地球发射X射线、γ射线。地球上部分矿物质，如花岗岩，也能放出γ射线。人体也是一个小小的辐射源，人体辐射的电磁波频率分布主要为红外与远红外。常见的射线类型有α射线、β射线和γ射线等。

我国居民所受天然辐射年有效总剂量为2.5～3 mSv。其中外照射年有效剂量当量为0.84 mSv；内照射年有效剂量为0.16～2 mSv。

3. 人工辐射源

放射性物质间接地进入环境，对公众造成自然条件下原本不存在的辐射照射的这类辐射源称为人工辐射源。主要包括：核试验(大气层核试验和地下核试验)、核武器制造、核能生产(铀矿开采、水冶、^{235}U的浓缩、燃料元件制造、核反应堆发电、乏燃料贮存或后处理及放射性废物的贮存和处置)、放射性同位素的生产和应用、核事故等。

放射性是个自发过程，一旦存在于环境之中将不会受到外界任何影响，高温、强电磁场都不能改变放射性规律。根据有关资料记载，人工辐射源对公众产生的平均年剂量值如表3-3所列。

表3-3　人工辐射源对公众产生的平均年剂量值

辐射源	剂量/(mSv/a)
放射诊断	0.22
放射治疗	0.03

续表

辐射源	剂量/(mSv/a)
医用同位素	0.002
放射性废物	0.002
核爆炸落下尘	0.01
职业照射	0.009
核设施周围	0.001～0.02
其他辐射源	0.012

(三)环境保护法律法规

1. 环境保护法律法规层次

(1) 中华人民共和国宪法

规定了国家、在环境与资源保护方面的基本权利、义务和方针,对其他环保法律法规的制定工作起着指导作用,由全国人民代表大会制定,其中涉及环境保护的条款有:

1) 国家保护和改善生活环境和生态环境,防治污染和其他公害。

2) 国家保障自然资源的合理利用,保护珍贵动植物。禁止任何组织或个人用任何手段侵占或破坏自然资源等。

(2) 中华人民共和国环境保护法

确立了经济建设、社会发展和环境保护协调发展的基本方针,规定了各级政府、一切单位和个人保护环境的权利和义务,由全国人大常委会于 1979 年正式批准颁布。主要内容包括:

1) 保护并合理开发利用能源、资源;

2) 限制各种危害环境的行为,防治公害;

3) 体现"预防为主,防治结合"、"污染者负责"和"强化管理"三项基本政策。

(3) 环保专项法、资源法、相关法和国际环保公约:

环保专项法:针对特定的污染防治领域和特定的资源保护对象而制定的单项法律和规范性文件。单项法名目繁多、内容涉及广泛,由全国人大常委会批准颁布。

1) 中华人民共和国大气污染防治法;

2) 中华人民共和国水污染防治法;

3) 中华人民共和国固体废弃物污染环境防治法;

4) 中华人民共和国海洋环境保护法;

5) 中华人民共和国环境噪声污染防治法;

6) 中华人民共和国海洋污染防治法;

7) 中华人民共和国荒漠化防治法;

8) 中华人民共和国清洁生产促进法;

9) 化学物质污染防治法;

10) 中华人民共和国放射性污染防治法;

11) 中华人民共和国环境影响评价法等。

环保资源法:环保资源法是为了保证自然环境和自然资源免受破坏,保证人类的生命维持系统和生物资源的永续利用，保证物种遗传的多样性，合理开发、利用和保护自然资源而制定的法律。有森林、草原、矿产和水土等相关法律。

环保相关法：环保相关法是指与环保工作密切相关的法律，如中华人民共和国城市规划法等。

国际环保公约：国际环保公约是指中国政府为保护全球环境而签订的国际公约，如巴塞尔公约、维也纳公约等。

(4) 环境保护行政法规

国务院级别的行政法规：国务院组织制定并批准公布的为实施环境保护法律或规范环境监督管理制度而颁布的“条例”和“实施细则”。如水污染防治法实施细则、大气污染防治法实施细则等。

地方级别的行政法规：由地方人大及常委会制定，旨在对国家环保法律法规进行补充和完善的地方环保法规，主要是针对本地区的环境问题。

(5) 环境保护行政规章

国务院级别的行政规章：由国务院有关部门(各部委)为加强环保工作而颁布的规范性文件(包括一些红头文件)。

地方级别的行政规章：由地方人大及常委会所属的地方政府制定的环境保护规范性文件，属于地方环保行政规章。

(6) 环境标准

环境标准有三个级别：国家标准；行业标准；地方标准。根据规定内容不同可分为五个种类：

1) 环境质量标准：例如《环境空气质量标准》(GB 3095—1996)、《地表水环境质量标准》(GB 3838—2002)、《城市区域环境噪声标准》(GB 3096—1993)；

2) 污染物排放标准：例如《锅炉大气污染物排放标准》(GB 13271—2001)、《合成氨工业水污染物排放标准》(GB 13458—2001)、《工业企业厂界噪声标准》(GB 12348—1990)；

3) 方法标准：例如《固体废物 总汞的测定 冷原子吸收分光光度法》(GB/T 155551—1995)、《环境空气 二氧化硫的测定 甲醛吸收—副玫瑰苯胺分光光度法》(GB/T 15262—1994)；

4) 标准样品标准：例如《大气 试验粉尘标准样品 模拟大气尘》(GB 13270—1991)、《环境标准样品研复制技术规范》(HJ/T 173—2005)；

5) 基础标准：例如《环境保护图形标志——排放口(源)》(GB 15562.1—1995)、《制定地方大气污染物排放标准的技术方法》(GB/T 3840—1991)。

2. 环境保护法律制度

(1) 环境影响评价制度；

(2) “三同时”制度；

(3) 排污申报登记制度；

(4) 环境保护许可证制度；

(5) 征收排污费制度；

(6) 限期治理制度；

(7) 污染物排放总量控制制度；

(8) 城市环境综合整治定量考核制度。

3. 核设施常用的法律法规标准

(1) 中华人民共和国环境保护法(1989.12.26);

(2) 中华人民共和国大气污染防治法(2000.4.29);

(3) 中华人民共和国清洁生产促进法(2002.6.29);

(4) 中华人民共和国环境影响评价法(2002.10.28);

(5) 中华人民共和国放射性污染防治法(2003.6.28);

(6) 中华人民共和国海洋环境保护法(1999.12.25);

(7) 危险化学品安全管理条例(2002.1.9);

(8) 中华人民共和国固体废物污染环境防治法(2005.4.1);

(9) 核设施环境辐射防护规定(GB 6249—86);

(10) 污水综合排放标准(GB 8978—1996);

(11) 海水水质标准(GB 3097—1997)。

(四) 环境管理体系和标准

ISO 14000系列环境标准是国际标准化组织(ISO)第207技术委员会组织制定的环境管理体系标准,其标准号从14001到14100,共100个标准号,统称为ISO 14000系列标准。它是顺应国际环境保护的发展,依据国际经济与贸易发展的需要而制定的。

2006年7月3日,为了完善现代企业安全生产管理制度,促进安全生产长效机制的建立,中国核工业集团公司决定在成员单位开展环境管理体系认证的试点工作。

1. ISO 14001标准的产生

ISO 14001标准作为ISO 14000系列标准的龙头标准,其产生于广泛的相关利益方的需求和公众对环境品质降低、自然资源不可持续利用的日益关注。它是关于环境管理方面的一个体系标准,是融合世界上许多发达国家在环境管理方面的经验于一身,而形成的一套完整的、操作性强的体系标准。

ISO 14001标准是进行环境管理体系建立和认证的最终依据,是对组织环境管理体系进行认证、注册和自我声明的要求,此标准不包括那些与地方法规不相符的额外要求,但是组织须承诺依照自己制定的环境方针,实施可持续发展。

2. 环境管理体系运行模式

企业在实施环境管理体系过程中,首先对自己的环境现状进行评价,确定重要环境因素,对企业的产品、活动、服务等各方面、各层次的问题进行策划,并且通过文件化的体系进行培训、运行控制、监控和改进,实现全过程控制和有效的管理。标准采用PDCA的戴明模型作为运行模式:即规划出管理活动要达到的目的和遵循的原则,在实施阶段实现目标并在实施过程中体现以上工作原则,检查和发现问题,及时采取纠正措施,以保证实施与实现过程不会偏离原有目标与原则,实现过程与结果的改进提高。

3. 术语和定义

对环境、环境因素等进行了定义。

4. 总要求

依据GB/T 24001—2004《环境管理体系要求及使用指南》、国家法律法规、标准及其他有关要求，建立环境管理体系，并通过对公司生产经营活动全过程的管理，对环境管理体系进行不断的检查和定期评审，提高全体员工的环保意识，持续改进公司的环境管理水平。

5. 环境方针

环境方针确定了实施与改进组织环境管理体系的方向，具有保持和改进环境绩效的作用。因此，环境方针应当反映最高管理者对遵守适用的环境法律法规和其他环境要求、进行污染预防和持续改进的承诺。环境方针是组织建立目标和指标的基础。

6. 策划

即从组织环境管理现状出发，明确管理重点，识别并评价出重要环境因素，准确获取组织适用的法律与其他要求，根据组织所确定的重要环境因素和技术经济条件，确定组织的环境目标和指标要求，并提出明确的环境管理方案。具体包括体系标准中的环境因素，法律法规和其他要求，目标、指标和方案。

(1) 环境因素

制定识别和评价环境因素及重要环境因素的程序，用于识别、评价、更新与管理公司在生产全过程中和行政工作中能够控制的以及可以期望对其施加影响的环境因素，以供公司在建立、实施和保持环境管理体系时，为实施全面环境管理提供依据。

环境因素识别的范围必须覆盖公司生产过程和行政工作中能够控制的和可施加影响的各个方面，识别体系范围内活动、产品和服务有关的环境因素等。

环境影响考虑以下方面：向空气的排放；向水体的排放；向土壤的排放；原材料和自然资源的使用；地方的或社区的环境问题；能源的使用；能量的释放；废弃物和副产品；物理属性。

核安全为首先要考虑的重要因素，环境因素的识别过程应当考虑核设施的正常运行、停堆大修等异常状态，以及可预见的紧急状态下可能产生的重大环境影响。

依据标准要求，核设施制定有相应的管理程序。环境因素应定期进行评审，当公司的活动、产品或服务发生重大变化或法律、法规与其他要求发生变化时，应及时对环境因素进行识别和评价，并更新重要环境因素，以确定控制重要环境因素的措施。

(2) 法律法规和其他要求

为了明确核设施生产经营活动的准则和控制标准，建立、实施和保持有效的环境管理体系，核设施应制定程序，建立获取渠道，确认其适用性，以全面、有效、及时获取适用于环境相关的国家、地方法律法规和其他应遵守的要求，并应用到公司的环境管理活动中。

环境主管处室负责关注国家、地方立法机构的最新动态，通过互联网站、环保部门、报刊、行业主管部门等获取更新的法律法规和其他要求，确定年度法律法规和其他要求清单，经核设施环境管理者代表批准后报信息文档处获取，各部门负责执行标准中的相应条款。

(3) 目标、指标和方案

目标、指标是核设施结合自身的环境方针和重要环境因素，依据生产经营的实际情况而制定的欲达到的目标，为了促成这些目标和指标的实现，应制定适当的管理方案，以确保目标指标的实现。

目标、指标的制定须遵照逐级分解的原则，在核设施的目标指标确认后，各相关处室须对公司的目标指标进行分解，并建立相应的管理方案促成目标指标的实现。确定好的公司的目标指标和管理方案须以红头文件的形式，在公司的电子办公系统中发文，确定好的目标指标应当在适当的时间进行监测,并提出改进的建议。

7. 体系的实施和运作

(1) 资源、作用、职责和权限

为便于环境管理体系在公司范围内的建立、实施、保持和改进,管理者应提供必要的资源。资源包括人力资源和专项技能、组织的基础设施,以及技术和财力资源。同时建立公司环境管理体系组织机构,明确各部门、各级人员的环境管理职责和权限,以便于环境管理工作的有效开展。

公司环境管理体系与现行管理体系兼容,即公司环境管理组织机构建立在公司现有行政管理机构上,在现有管理机构的职能范围内赋予相应的环境管理职责。总经理为公司环境保护的第一责任人,由总经理任命环境管理者代表,同时成立环境管理体系工作小组,全面负责公司环境管理体系的建立、实施和保持。

(2) 能力、培训和意识

核设施应确保所有从事被确定为可能具有重大环境影响工作的人员,都具备相应的能力,确保可能对环境产生重大影响的工作人员能够具备所负担工作的能力,提高环保意识,以满足环境管理体系所赋予的工作要求。

核设施人力资源部门为公司的各项管理配备人力资源,培训教育部门制定员工的培训和授权管理,对重要环境岗位人员进行专门技术培训,还应进行环保宣传,提高员工的环保意识。

(3) 信息交流

为保证环境管理体系的有效运行,组织须做好内部之间及内部与外部之间的信息交流工作。

为了消除公众对核的恐惧心理,为核电发展创造良好的氛围,核设施应定期将公司运行带来的环境变化与外界进行交流,接受政府与人民的监督。

(4) 文件

环境管理体系文件包括环境方针、目标和指标以及对环境管理体系覆盖范围的描述等。

核设施的环境管理体系文件包括环境管理手册、环境管理体系程序文件、技术支持性文件三个层次。其中环境管理手册是核设施环境管理工作的纲领性文件,是公司制定有关环境管理程序的重要依据。

环境管理体系文件可以是书面、电子或其他形式的文件。

(5) 文件控制

文件控制遵循相关规定。为了满足生产运行及扩建工程的需要,核设施编制有适合自身实际情况的文件体系。

(6) 运行控制

对于核设施确定的与重要环境因素有关的运行与活动进行有效控制,确保其符合公司环境方针、目标与指标的要求。对于与重要环境因素有关的运行活动须制定程序进行控制。如果该活动不适合以程序进行管理规定,则可以以其他文件的形式(如管理方案)进行控制。

对于核设施使用的产品和服务中所确定的与重要环境因素有关的,须将该重要环境因素的管理办法通报供方及合同方。

与核设施重要环境因素有关的运行活动公司应编制相应的程序以规定相关的运行准

则，确保所有与重要环境因素有关的活动都能得到有效的控制。

（7）应急准备和响应

组织应建立、实施并保持一个或多个程序，用于识别可能对环境造成影响的潜在的紧急情况和事故，并规定响应措施。组织应对实际发生的紧急情况和事故作出响应，并预防或减少随之产生的有害环境影响。组织应定期评审其应急准备和响应程序，必要时对其进行修订，特别是当事故或紧急情况发生后。可行时，组织应定期试验上述程序。

核设施核事故应急工作遵循“常备不懈、积极兼容、统一指挥、大力协同、保护公众、保护环境”的24字方针做好应急准备工作，制定场内应急响应计划和应急响应程序，建立应急组织机构，配备应急响应设施、设备，以确保核设施在事故情况下能及时有效地采取应急响应措施，控制事故状态发展，防止或最大限度地减少事故的后果和危害，减少可能对环境的影响。对非核事故制定应急响应程序和预案，预防和减少对环境的影响。

核设施定期评审其应急准备和响应程序，必要时对其进行修订。

8. 检查和纠正措施

（1）监测和测量

组织应确定程序，对可能具有重大环境影响的运行的关键特性进行例行监测和测量。并对环境绩效、运行控制、目标和指标的符合情况进行评审。所使用的监测和测量设备须经过校准或验证，并给予妥善维护，保存相关的记录。

各处室按照程序要求对工作范围内的重要环境因素的关键特性进行监测。所有在线监测仪表和离线监测仪表须进行校准和验证，各项维护记录妥善保管。

（2）合规性评价

遵守适用的法律法规和其他要求是环境管理体系的一项核心承诺，为了履行这一承诺，组织应定期开展对法律法规和其他要求遵守情况的评价，并保存评价的记录。

法律法规要求是指与公司的环境因素有关的，由政府部门（包括国际、国家和地方）发布或授予的具有法律效力的各种要求或授权。如：法规，包括条理和规章；法令和指令等。

上述承诺和要求所涉及的范围包括了众多行业，作为环境管理体系，只需考虑那些与环境因素有关的承诺或协定。

（3）不符合、纠正措施和预防措施

制定程序，用以对环境管理体系实际或潜在的不符合进行管理，不符合事实可以从环境管理体系内审、合规性评价、管理评审、外部审核和环境管理体系运行过程中产生，产生的不符合须作好跟踪评价，在得到完善解决后才能给予关闭。

（4）记录控制

为了证实对环境管理体系及标准要求的符合，应根据需要建立并保持必要的记录。记录应该字迹清楚，标识明确，并具有可追溯性。

（5）内部审核

内部审核应当按照计划的时间间隔对组织的环境管理体系进行内部审核，以确定体系是否符合计划的安排，是否给予适当的实施和保持，并为管理者提供信息。不是每次内部审核都必须覆盖整个体系，只要审核方案能确保组织的所有部门、职能、体系要素和整个环境管理体系都能得到定期审核即可。审核的结果以报告的形式提交，为管理评审提供输入。

9. 管理评审

管理评审的输入应包括:内部审核和合规性评价的结果;来自外部相关方的交流信息,包括抱怨;以及组织的环境绩效等。

管理评审的输出包括为实现持续改进的承诺而做出的,与环境方针、目标、指标及其他环境管理体系要素有关的决策和行动。

环境管理体系的管理评审与质量保证部门的审查共同进行。通过自查、共同审查及公司审查,形成公司管理部门审查报告。

二、三废排放管理制度

(一) 核设施三废排放相关系统

铀浓缩核设施流出物排放相关的系统包括废气排放系统和废液排放系统。

1. 废气排放

废气排放系统包括:废气处理系统、供取料厂房通排风系统、级联大厅卸料系统抽气系统等。

(1) 废气处理系统

废气处理系统功能是收集和处理气载放射性惰性气体、卤素和气溶胶,使气载放射性的年排放量以及限制区与非限制区人员照射剂量控制在合理尽可能低的水平。

(2) 厂房通排风系统

铀浓缩核设施厂房通风系统主要包括:供取料厂房排风系统、级联大厅卸料系统抽气系统、事故淋浴间通排风系统。

铀浓缩核设施厂房通排风系统作为废气系统的一个组成部分,其主要作用是:

1) 控制空气流从污染较少的区域流向较大的区域,并使各厂房内可能被污染区域空气经过滤后,通过烟囱监督排放;

2) 保持整个厂房或厂房内某些区域压力略低于大气压,使铀浓缩厂在事故状况下由厂房泄漏的气载放射性最小或使气载放射性尽量限制在某个区域内;

3) 通过通风系统中安装的空气过滤器和酸雾净化塔对空气进行过滤,使工作人员能进入厂房工作,同时也尽量减少气载放射性向环境的排放。

2. 放射性废液处理

(1) 放射性废液的主要来源

1) 铀浓缩工厂主机、工艺管道等在检修过程中产生的清洗液;

2) 盛装 UF_6 容器残余料的清洗液;

3) 含铀灰渣的浸取液;

4) 煅烧过程中的废液;

5) 沾污工作服洗涤废水;

6) 来自实验室、分析室等的废水;

7) 来自沾污厂房地面和设备的清洗液。

(2) 放射性废液的基本特征

来自铀浓缩工厂放射性废液中除少数呈酸性,如含铀灰渣的浸取液等,其余基本为碱性溶液，且废液的铀浓度、残余碱度（或酸度）和数量时有变化。

（3）废液处理的基本任务

废液处理的基本任务：最大限度地回收废液中的铀，经富集、纯化加工成不同丰度的铀化合物中间产品；使处理后排放的废水，其铀浓度及氟离子等有害成分符合规定的标准要求，尽量降低铀的外排绝对量，并在废液处理过程中的各个环节上，加强对各种废液的接收、储存、转移操作以及废弃残渣堆置管理，杜绝任何外溢漏泄现象的发生。

（二）核设施流出物的影响和监测

1. 放射性气载流出物的辐射影响

核设施正常运行时，气载放射性流出物通过高架的烟囱排入大气，经大气扩散对公众造成辐射影响。这些辐射影响包括烟云浸没外照射、地面沉积外照射、吸入空气内照射和食入农牧产品内照射。

2. 放射性液态流出物的辐射影响

放射性液态流出物排放到水域中，在其稀释和扩散的过程中，对公众造成辐射影响。

3. 放射性流出物监测

（1）流出物监测目的

放射性流出物监测分为液态放射性流出物监测和气态放射性流出物监测，其流出物监测的目的为：

1）验证核设施释放至环境的放射性流出物排放量是否符合国家规定的排放限值及核设施规定的运行目标管理值；

2）为评价核设施周围环境质量、估算公众所受的剂量提供源项数据和资料，从而使公众确信核设施的放射性释放确实受到严格控制，并评价核设施安全运行和排放管理状况；

3）验证与评价核设施工艺系统、放射性废物处理系统和控制体系是否安全运行；

4）给出报警和必要的执行行动以控制不合理排放，并提供相关应急响应信息。

（2）流出物监测系统

流出物监测系统用于放射性流出物排放过程中的监测与控制，包括流出物连续监测系统和实验室监测两部分。铀浓缩厂主要是实验室监测。其方法为：对气载流出物进行定期取样，分析测量；对液态流出物进行排放前取样，分析测量。只有经实验室测量后满足一定条件的废液才能进行排放，不得排放的废液将进行再处理。

4. 非放射性环境监测

核设施非放射性环境监测的项目包括：废水、废气、工业及生活固体废物、厂界环境噪声、无线电干扰监测、磁场强度监测、工频电场强度监测等。

5. 应急环境监测

《核设施环境辐射防护规定》（GB 6249—1986）中规定：

（1）核设施在试运行前，营运单位应制定环境应急监测计划，报省级环境保护部门备案。考虑到一些事故的突发性和特殊性，应急监测必须灵活、快速。

（2）环境应急监测是核设施事故应急计划的重要组成部分。一般包括：各类辐射事故的监测原则、监测方法和步骤、监测项目、监测网点、监测工作的领导、监测数据的报告、发布办法等。

(3) 在环境应急监测计划中可事先规定一些导出的行动水平(例如空气、水和食物中对应于应急行动剂量水平的放射性核素的浓度),便于评价监测结果,及早决定是否需要采取相应的行动。

(4) 环境监测必须实行质量保证制度,采用标准的(或统一的)方法和程序进行操作,不得擅自改变,如需要更改时,必须通过技术论证。

(5) 省级环境保护部门应负责设置核设施环境辐射监测机构,按本标准的相应要求开展监测工作。

据此,核设施必须制定在核事故应急情况下场内放射性水平监测的程序。

第四节 消防安全知识

一、消防安全的基本知识

(一) 燃烧

1. 燃烧的定义

燃烧,俗称着火,系指可燃物与氧化剂作用发生的放热反应,通常伴有火焰、发光和发烟现象。

通常讲的燃烧一般是要有氧气参加的,但在一些特殊情况下的燃烧可以在无氧的条件下进行,如氢气在氯气中燃烧、镁条在二氧化碳中的燃烧等。

有焰燃烧存在链式反应。当某种可燃物受热,它不仅会汽化,而且该项可燃物的分子会发生热解作用从而产生自由基。自由基是一种高度活泼的化学形态,能与其他的自由基和分子反应,而使燃烧持续进行下去,这就是燃烧的链式反应。

2. 燃烧的必要条件

燃烧具有三个特征,即化学反应、放热和发光。物质燃烧过程的发生和发展,必须具备以下三个必要条件,即:可燃物、氧化剂和温度(引火源)。只有这三个条件同时具备,才可能发生燃烧现象,无论缺少哪一个条件,燃烧都不能发生。但是,并不是上述三个条件同时存在,就一定会发生燃烧现象,还必须这三个因素相互作用才能发生燃烧。

(1) 可燃物

凡是能与空气中的氧或其他氧化剂起燃烧化学反应的物质都称为可燃物。可燃物按其物理状态分为气体可燃物、液体可燃物和固体可燃物三种类别。可燃烧物质大多是含碳和氢的化合物,某些金属如镁、铝、钙等在某些条件下也可以燃烧,还有许多物质如肼、臭氧等在高温下可以通过自己的分解而放出光和热。

(2) 氧化剂

帮助和支持可燃物燃烧的物质,即能与可燃物发生氧化反应的物质称为氧化剂。燃烧过程中氧化剂主要是空气中游离的氧,另外如氟、氯等也可以作为燃烧反应的氧化剂。

(3) 温度(引火源)

是指供给可燃物与氧或助燃剂发生燃烧反应的能量来源。常见的是热能,其他还有化学能、电能、机械能等转变的热能。

3. 燃烧的种类

（1）闪燃

闪燃是指易燃或可燃液体挥发出来的蒸气与空气混合后，遇火源在液体表面发生一闪即灭的燃烧现象。发生闪燃现象的最低温度点称为闪点。在消防管理分类上，把闪点小于28 ℃的液体划为甲类液体也叫一级易燃液体，闪点大于28 ℃小于60 ℃的称为乙类液体也叫二级易燃液体，闪点大于60 ℃的称为丙类液体又称可燃液体。

（2）着火

着火指可燃物质在空气中受到外界火源直接作用，开始起火持续燃烧的现象。这个物质开始起火持续燃烧的最低温度点称为燃点。

（3）自燃

自燃指可燃物质在空气中没有外来明火源的作用，靠热量的积聚达到一定的温度时而发生的燃烧现象。外部热能的逐步积累，多是物理性的。物质自身产生热量，多是化学性和生物性的。

（4）爆炸

爆炸指物质在瞬间急剧氧化或分解反应产生大量的热和气体，并以巨大压力急剧向四周扩散和冲击而发生巨大响声的现象。可燃气体、蒸气或粉尘与空气组成的混合物遇火源能发生爆炸的浓度称爆炸极限，其最低浓度称为爆炸下限，最高浓度称为爆炸上限。低于下限的遇明火既不爆炸也不燃烧，高于上限的，虽不爆炸，但可燃烧。

4. 燃烧形式

（1）扩散燃烧

可燃气体和空气分子互相扩散、混合，其混合浓度在爆炸范围以外，遇火源即能着火燃烧。

（2）蒸发燃烧

可燃性液体，如汽油、酒精等，蒸发产生了蒸气被点燃起火，它放出热量进一步加热液体表面，从而促使液体持续蒸发，使燃烧继续下去。

（3）分解燃烧

是指在燃烧过程中可燃物首先遇热分解，分解产物和氧反应产生燃烧，如木材、煤、纸等固体可燃物的燃烧。

（4）表面燃烧

燃烧在空气和固体表面接触部位进行。例如，木材燃烧，最后分解不出可燃气体，只剩下固体炭，燃烧在空气和固体炭表面接触部分进行，它能产生红热的表面，不产生火焰。

（5）混合燃烧

可燃气体与助燃气体在容器内或空间中充分扩散混合，其浓度在爆炸范围内，此时遇火源即会发生燃烧，这种燃烧在混合气所分布的空间中快速进行，所以称之为混合燃烧。

（6）阴燃

一些固体可燃物在空气不流通，加热温度低或可燃物含水多等条件下发生的只冒烟无火焰的燃烧。

5. 可燃物分类

凡是能与空气中的氧或其他氧化剂起燃烧化学反应的物质称为可燃物。可燃物种类繁多,不胜枚举。根据化学结构不同,可燃物可分为无机可燃物和有机可燃物两大类。无机可燃物中的无机单质有:钾、钠、钙、镁、磷、硫、硅、氢等;无机化合物有:一氧化碳、氨、硫化氢、磷化氢、二硫化碳、联氨、氢氰酸等。有机可燃物可分成低分子的和高分子的,又可分成天然的和合成的。有机物中除了多卤代烃如四氯化碳、二氟一氯一溴甲烷(1211)等不燃且可作灭火剂之外,其他绝大部分有机物都是可燃物。有机可燃物有:天然气、液化石油气、汽油、煤油、柴油、原油、酒精、豆油、煤、木材、棉、麻、纸以及三大合成材料(合成塑料、合成橡胶、合成纤维)等。

(二)火灾的基本知识

"火灾",是指在时间或空间上失去控制的燃烧所造成的灾害。在各种灾害中,火灾是最经常、最普遍的威胁公众安全和社会发展的主要灾害之一。人类能够对火进行利用和控制,是文明进步的一个重要标志。火,给人类带来文明进步、光明和温暖。但是,失去控制的火,就会给人类造成灾难。所以说人类使用火的历史与同火灾作斗争的历史是相伴相生的,人们在用火的同时,不断总结火灾发生的规律,尽可能地减少火灾及其对人类造成的危害。对于火灾,在我国古代,人们就总结出"防为上,救次之,戒为下"的经验。随着社会的不断发展,在社会财富日益增多的同时,导致发生火灾的危险性也在增多,火灾的危害性也越来越大。实践证明,随着社会和经济的发展,消防工作的重要性就越来越突出。"预防火灾和减少火灾的危害"是对消防立法意义的总体概括,包括了两层含义:一是做好预防火灾的各项工作,防止发生火灾;二是火灾绝对不发生是不可能的,而一旦发生火灾,就应当及时、有效地进行扑救,减少火灾的危害。

防火的主要措施就是:控制可燃物、隔绝助燃物、消除着火源。

(三)火灾分类

根据 2007 年 6 月 26 日,公安部下发的《关于调整火灾等级标准的通知》。新的火灾等级分为特别重大火灾、重大火灾、较大火灾和一般火灾四个等级。

特别重大火灾,指造成 30 人以上死亡,或者 100 人以上重伤,或者 1 亿元以上直接财产损失的火灾。

重大火灾,指造成 10 人以上 30 人以下死亡,或者 50 人以上 100 人以下重伤,或者 5 000 万元以上 1 亿元以下直接财产损失的火灾。

较大火灾,指造成 3 人以上 10 人以下死亡,或者 10 人以上 50 人以下重伤,或者 1 000 万元以上 5 000 万元以下直接财产损失的火灾。

一般火灾,指造成 3 人以下死亡,或者 10 人以下重伤,或者 1 000 万元以下直接财产损失的火灾。

二、有关的消防法规制度

消防安全工作涉及公民人身、公共财产和公民财产的安全,为维护公共安全,国家制订了包括《中华人民共和国消防法》等在内的多部法律、法规和标准。

(一)《中华人民共和国消防法》

我国 1998 年颁布并施行了《中华人民共和国消防法》,明确了消防工作的方针,单位和个人的职责:

1. 消防工作贯彻预防为主、防消结合的方针,坚持专门机关与群众相结合的原则,实行防火安全责任制。

2. 任何单位、个人都有维护消防安全、保护消防设施、预防火灾、报告火警的义务。任何单位、成年公民都有参加有组织的灭火工作的义务。

3. 机关、团体、企业、事业单位应当履行下列消防安全职责：

(1) 制定消防安全制度、消防安全操作规程；

(2) 实行防火安全责任制，确定本单位和所属各部门、岗位的消防安全责任人；

(3) 针对本单位的特点对职工进行消防宣传教育；

(4) 组织防火检查，及时消除火灾隐患；

(5) 按照国家有关规定配置消防设施和器材、设置消防安全标志，并定期组织检验、维修，确保消防设施和器材完好、有效；

(6) 保障疏散通道、安全出口畅通，并设置符合国家规定的消防安全疏散标志。

4. 禁止在具有火灾、爆炸危险的场所使用明火；因特殊情况需要使用明火作业的，应当按照规定事先办理审批手续。作业人员应当遵守消防安全规定，并采取相应的消防安全措施。

5. 进行电焊、气焊等具有火灾危险的作业的人员和自动消防系统的操作人员，必须持证上岗，并严格遵守消防安全操作规程。

6. 任何单位、个人不得损坏或者擅自挪用、拆除、停用消防设施、器材，不得埋压、圈占消火栓，不得占用防火间距，不得堵塞消防通道。

7. 任何人发现火灾时，都应当立即报警。任何单位、个人都应当无偿为报警提供便利，不得阻拦报警。严禁谎报火警。

(二)《火灾分类》

2009 年施行的《火灾分类》(GB/T 4968—2008)规定，火灾根据可燃物的类型和燃烧特性，分为 A、B、C、D、E、F 六类。

A 类火灾：指固体物质火灾。这种物质通常具有有机物质性质，一般在燃烧时能产生灼热的余烬。如木材、煤、棉、毛、麻、纸张等火灾。

B 类火灾：指液体或可熔化的固体物质火灾。如汽油、煤油、柴油、原油、甲醇、乙醇、沥青、石蜡等火灾。

C 类火灾：指气体火灾。如煤气、天然气、甲烷、乙烷、丙烷、氢气等火灾。

D 类火灾：指金属火灾。如钾、钠、镁、铝镁合金等火灾。

E 类火灾：带电火灾。物体带电燃烧的火灾。

F 类火灾：烹饪器具内的烹饪物(如动植物油脂)火灾。

三、火灾的危害

伴随着人类文明的史卷，火在不断吞没广袤的草原，莽莽的林海；它吞噬了多少宝贵的生命，涂炭了多少大自然的生灵；它在焚毁文物、典籍、古建筑等诸多历史瑰宝；它在毁灭人类历史的文化遗产和物质财富。火在赐予我们幸福的同时又为我们留下多少血泪俱下、令人揪心的故事。归纳起来，火灾的危害主要有以下几个方面：

(一) 毁坏物质财富

在我国有这样一句广为流传的谚语："贼偷三次不穷，火烧一把精光"，它形象、生动地刻画了火灾的残酷无情。一把火可使人们数十载辛勤劳动创造的物质财富顷刻之间化为灰烬,它也会刹那间就吞噬整个村寨、街道、工厂和城市。

(二) 残害人类生命

在社会发展、时代进步的同时,火灾的因素增加了,火灾带来的后果更为严重,每一起火灾都直接或间接危害着人类的安全,给人们造成伤亡甚至夺去生命。

(三) 破坏生态平衡

森林、草原、山川、江河湖海是大自然赋予人类的宝贵财富。它们不仅是人类进行生产、生活的自然资源,而且是人类进行水土保持、调节气候、净化空气、维持生态平衡等的忠诚卫士。人与自然只有和谐统一的发展,才能保证人类社会稳定、健康的发展。

我国是一个森林资源十分匮乏的国家,森林覆盖率只有 13.92%,而火灾却时刻威胁着森林。1987 年大兴安岭特大森林火灾 10 万军民经过近一个月的奋战才将大火扑灭。这场大火使 1 000 多万亩森林变成焦土,经济损失几十亿元,被破坏的生态平衡需 80 年才能恢复。

(四) 造成的间接经济损失

现代社会的运转恰如一台大机器,各行业、各单位是组成它的零部件,它们是密切联系着的。发生火灾,特别是重、特大火灾,其影响之大往往是人们始料不及的,远远超出了“四邻遭殃”或“殃及池鱼”的范围。其造成的间接经济损失则更为严重。火灾所造成的对环境的污染,生态平衡的严重破坏,在短期内都是难以消除的。

(五) 造成不良的社会影响

火灾,尤其是恶性火灾,每次都使人们受到极大的心理震撼和精神刺激,轻者心有余悸,谈火色变,严重者造成精神上的损害。火灾如果发生在首脑机关、指挥系统、通信枢纽、涉外单位、名古建筑、风景区等,都会造成不良的社会影响。而一些伤亡惨重、影响巨大的火灾,往往牵动着亿万人民群众的心,并引发一系列的社会问题。使群众人心惶惶,人们正常的生活、生产、工作秩序被打乱,引起人民不满,甚至发生骚乱,损害国家声誉。火的灾害是不分民族和国界的。

四、防火

核设施主要的火灾危害在于各厂房设施中,防火主要以厂房防火为主。

(一) 厂房防火屏障

为了确保在发生火灾状态下,防止火势蔓延扩大的屏障和措施有效,凡是防火屏障必须保持完整有效,若检修或施工改造工作需要打开防火屏障的,必须办理防火屏障打开许可证。打开防火屏障[防火门、电缆贯穿口、穿墙管道、墙体孔洞、贯穿区(间)]包括:在防火区墙上开孔、打开防火区楼板盖板、打开防火封堵、封套、打开防火贯穿间或持续打开防火门。

(二) 厂房防火门管理

防火门必须保持关闭状态,防止人为损坏。工作负责人和现场作业人员在防火屏障打开期间,应负责防火区的安全,工作暂停或结束后应及时关闭防火门。

(三) 消防设施管理

1. 室内外的消火栓、水带、水枪,是扑救火灾的专用设备,未经消防主管部门同意,任何单位和个人不得擅自将其用于非消防之用;

2. 消防管网上的阀门不得随意关闭和开启，紧急情况下必须关闭或开启时，必须及时向运行部主控室及消防主管部门报告；

3. 消防雨淋阀水喷洒(喷雾)灭火系统，须按责任分工，专人管理；做定期试验时，要按照操作规程精心操作；非火灾情况下严禁向保护区内做水喷淋试验，任何人不准随意敲打雨淋阀的灭火喷淋按钮，防止发生误喷，造成水淹事件；

4. 气体固定灭火系统，要定期巡检，保护区内无火灾情况下，禁止启动灭火按钮，防止发生气体灭火药剂释放，造成损失；

5. 各种移动式灭火器，要定点定位，非火灾情况下，不准私自挪动位置和放空；

6. 泡沫固定灭火系统是重要的消防灭火设施，非火灾情况下严禁按动电磁阀的开关按钮，防止发生泡沫喷洒，造成事故；

7. 消防水只能用于消防的目的。

五、灭火

(一) 灭火的基本方法

1. 冷却灭火法，把燃烧周围环境温度降低至燃点以下，从而使燃烧停止。对于一般物质起火，都可以用水和二氧化碳灭火剂来冷却灭火。在火场上，除了运用冷却直接扑灭火灾外，还常常用降低可燃物的温度，防止其达到燃点起火或受热变形爆炸。

2. 隔离灭火法，将燃烧物与附近可燃烧物隔离或者疏散开，从而使燃烧停止。适用于扑救各种固体、液体和气体等火灾。例如，将火源附近的易燃易爆物质转移至安全区；关闭阀门，阻止可燃气体或液体流入燃烧区；排除设备、容器内的可燃气体、液体；阻拦、疏散易燃可燃液体或扩散的可燃气体；拆除与火源相毗邻的易燃建筑结构，造成阻止火势蔓延的空间地带等。

3. 窒息灭火法，根据可燃物质发生燃烧需要足够的助燃物(如空气或氧气)这个条件，采取恰当措施，防止空气进入燃烧区，或用惰性气体稀释空气中的含氧量，使燃烧物质缺乏或断绝氧气而熄灭。适用于扑救一些封闭的空间和生产设备装置内的火灾。可采用石棉布、湿抹布等不燃或难燃材料复盖燃烧物。

4. 抑制灭火法，将化学灭火剂喷入燃烧区，使之参与燃烧的化学反应，从而使燃烧反应停止。使用的灭火剂有干粉、1211 等卤代烷灭火剂。

(二) 灭火的基本原则

1. 先控制，后灭火

对于不能立即扑救的火灾，要首先控制火势的继续蔓延扩大，在具备了扑灭火灾的条件时，展开全面进攻，一举扑灭火焰。

2. 救人重于灭火

指火场上如果有人受到火势威胁，消防人员的首要任务是要把被火围困的人员抢救出来。运用这一原则，要根据火势情况和人员受火势威胁程度决定。在灭火力量较强时，灭火和救人可以同时进行，但绝不能因灭火而贻误救人时机。人未救出之前，灭火往往是为了打开救人通道或减弱火势对人员的威胁程度，从而更好地给救人脱险、及时扑灭火灾创造条件。

3. 先重点,后一般

对整个火场而言,重点和一般有一个相比确定问题。人和物相比;贵重物资和一般物资相比;火势蔓延猛烈方面和其他方面相比;有爆炸、毒害、倒塌危险的方面和没有这些危险的方面相比;火场上的下风方向与上风、侧风方向相比,下风方向是重点;易燃和可燃物集中区域和这类物品较小的区域相比;要害部位和其他部位相比。

(三) 灭火器材的一般原理与使用方法

根据核设施的消防设计,专设了消防水系统、固定式灭火系统和移动式灭火器等灭火手段,为在灭火时有效使用这些手段,必须先掌握和熟悉有关系统和设备、器材的结构和操作要点。

固定灭火系统[喷淋(雾)灭火系统、1301灭火系统、泡沫灭火系统],是由固定安装的灭火剂供应源、管路、喷放器件和控制装置组成的灭火系统。

移动灭火器材、移动灭火器械主要是指各类消防枪及附属水带、水枪以及灭火器材。简便灭火器材主要包括各类灭火器和一些简易灭火工具,用于扑救初起火灾。

灭火器是指在其内部压力作用下,将所充装的灭火剂喷出以扑救初起火灾的灭火器具。因灭火器结构简单,操作轻便灵活,广泛应用于各行业和部门。

(四) 灭火器使用的一般要求

灭火器喷射的时间很短,适用扑救初起火灾。平时要把灭火器放在使用方便的地方。使用时把灭火器拿到离着火点尽可能近的地方再启动,防止迟缓动作和过早启动,影响灭火效果。

扑救一般固体物质火灾时,要将灭火剂喷射到燃烧最强处。

扑救液体火灾,要从一面顺风平推,平稳地将燃烧面盖住,将火扑灭,并要防止回火复燃。

使用干粉等灭火器,要站在上风处,充分发挥灭火效能;使用二氧化碳灭火器要注意掌握好提拿姿势,防止冻伤。使用各种灭火器灭火均应注意不要使灭火器盖与筒底对着人的身体,以免发生意外冲爆伤人身事故。

(五) 灭火剂

主要有水、泡沫、二氧化碳、干粉、卤代烷。以下主要介绍二氧化碳和干粉两种灭火剂。

1. 二氧化碳

二氧化碳是一种无色无味的气体。不燃烧,不助燃,比空气重。能够冷却燃烧物质和冲淡燃烧区空气中氧气的含量,使燃烧停止。

二氧化碳不导电,不含有水分,不污损仪器设备。适用于扑救电器设备、精密仪器、图书和档案火灾,以及燃烧面积不大的油类、气体和一些不能用水扑救的物质的火灾。在使用时,应首先将灭火器提到起火地点,放下灭火器,拔出保险销,一只手握住喇叭筒根部的手柄,另一只手紧握启闭阀的压把。对没有喷射软管的二氧化碳灭火器,应把喇叭筒往上扳70～90度。使用时,不能直接用手抓住喇叭筒外壁或金属连接管,防止手被冻伤。在使用二氧化碳灭火器时,在室外使用的,应选择上风方向喷射;在室内窄小空间使用的,灭火后操作者应迅速离开,以防窒息。

二氧化碳不能扑救金属钾、钠、铝和金属氢化物等物质的火灾;也不能扑救某些能够在惰性介质中燃烧的物质火灾（如硝酸纤维）和某些物质（如棉花）内部的引燃。

2. 干粉

干粉的种类很多，目前主要使用的是小苏打干粉和改性钠盐干粉。干粉可以用人工喷洒，也可以装入特制的灭火器内用惰性气体（如氮气）的压力来喷射。干粉颗粒微细，浓度密集，在燃烧区内能隔绝火焰的辐射热，析出惰性气体，冲淡空气中氧的含量。同时，干粉还具有化学灭火效能，可以中断燃烧的连锁反应。

第四章　相关法律、法规知识

学习要求：通过本部分的学习，使学员掌握《中华人民共和国劳动法》、《中华人民共和国安全生产法》、《中华人民共和国环境保护法》、《中华人民共和国放射性污染防治法》等法律的适用范围、立法的目的，以及具体包括的基本内容。

课时要求：20 课时。

第一节　《中华人民共和国劳动法》相关知识

一、适用范围

劳动法第一条明确规定："在中华人民共和国境内的企业、个体经济组织和与之形成劳动关系的劳动者，适用本法。国家机关、事业组织、社会团体和与之建立劳动合同关系的劳动者，依照本法执行。"根据这一规定及有关劳动行政法规和劳动规章的规定，适用范围如下：

（一）在中华人民共和国境内的企业、个体经济组织和与之形成劳动关系的劳动者适用本劳动法。这里的"企业"是指各种类型的企业，包括国有企业、集体所有制企业、中外合资企业、中外合作企业、外商独资企业、股份制企业、混合型企业、港澳台企业、私营企业、联营企业、乡镇企业等。个体经济组织是指雇工在 7 人以下的个体工商户。在中国境内的企业、个体经济组织与劳动者之间，只要形成劳动关系，不论他们之间是否订立劳动合同都适用劳动法。

（二）国家机关、事业组织、社会团体实行劳动合同制度的以及按规定应实行劳动合同制度的工勤人员；其他通过劳动合同与国家机关、事业组织、社会团体建立劳动关系的劳动者，适用本劳动法。

（三）实行企业化管理的事业组织的人员适用本劳动法。实行企业化管理的事业组织是指国家不再核拨经费，实行独立核算、自负盈亏的事业组织。

二、立法的目的

为了保护劳动者的合法权益，调整劳动关系，建立和维护适应社会主义市场经济的劳动制度，促进经济发展和社会进步，根据《中华人民共和国宪法》，制定本法。

三、基本内容

《中华人民共和国劳动法》包括以下基本内容：

1. 总则
2. 促进就业
3. 劳动合同和集体合同

4. 工作时间
5. 工资
6. 劳动安全卫生
7. 女职工和未成年工特殊保护
8. 职业培训
9. 社会保险和福利
10. 劳动争议
11. 监督检查
12. 法律责任
13. 附则

具体内容详见《中华人民共和国劳动法》中全文。

第二节　《中华人民共和国安全生产法》相关知识

一、适用范围

《中华人民共和国安全生产法》中第二条明确规定：在中华人民共和国领域内从事生产经营活动的单位(以下统称生产经营单位)的安全生产，适用本法；有关法律、行政法规对消防安全和道路交通安全、铁路交通安全、水上交通安全、民用航空安全另有规定的，适用其规定。

(一) 本法是专门调整涉及安全生产的相关关系的法律，因此，其适用的范围只限定在生产经营领域。不属于生产经营活动中的安全问题，如公共场所集会活动中的安全问题、正在使用中的民用建筑物发生垮塌造成的安全问题等，都不属于本法的调整范围。这里讲的“生产经营活动”，既包括资源的开采活动、各种产品的加工、制作活动，也包括各类工程建设和商业、娱乐业以及其他服务业的经营活动。

(二) 本法适用的主体范围，包括一切从事生产经营活动的国有企业事业单位、集体所有制的企业事业单位、股份制企业、中外合资经营企业、中外合作经营企业、外资企业、合伙企业、个人独资企业等，不论其经济性质如何、规模大小，只要从事生产经营活动的，都应遵守本法的各项规定，违反本法规定的行为将受到法律的追究。

(三) 当然，按照依法治国、依法行政的要求，各级人民政府及政府有关部门对安全生产的监督管理，也必须遵守本法规定。依照本法规定对安全生产工作负有监督管理职责的机关及其工作人员不依法履行职责、玩忽职守或者滥用职权的，将受到法律的追究。

(四) 鉴于消防安全问题已有《消防法》调整；道路、铁路、水运、空运等交通运输的安全问题，已有《海上交通安全法》《铁路法》《民用航空法》等法律或者《道路交通管理条例》等行政法规专门调整，因此，本条规定，有关法律、行政法规对消防安全和道路交通安全、铁路交通安全、水上交通安全和民用航空安全另有规定的，分别适用有关法律、行政法规的规定。

二、立法的目的

(一)《中华人民共和国安全生产法》中第一条明确规定：为了加强安全生产监督管理，

防止和减少生产安全事故,保障人民群众生命和财产安全,促进经济发展,制定中华人民共和国安全生产法。

(二)加强安全生产的监督管理。所谓“安全生产”,就是指在生产经营活动中,为避免发生造成人员伤害和财产损失的事故而采取相应的故事预防和控制措施,以保证从业人员的人身安全,保证生产经营活动得以顺利进行的相关活动。所谓安全生产事故,是指在生产经营活动中发生的意外的突发事件的总称,通常会造成人员伤亡或财产损失,使正常的生产经营活动中断。

(三)促进经济发展。安全生产,是要在生产经营活动的过程中保证安全,不是单纯为安全而安全,不能脱离生产经营活动讲安全,保证生产安全,本身也是为了保证生产经营活动的正常进行,促进经济的健康发展,这也是制定安全生产法的立法目的之一。

三、基本内容

《中华人民共和国安全生产法》包括以下基本内容:

1. 总则
2. 生产经营单位的安全生产保障
3. 从业人员的权利和义务
4. 安全生产的监督管理
5. 生产安全事故的应急救援与调查处理
6. 法律责任
7. 附则

具体内容详见《中华人民共和国安全生产法》中全文。

第三节 《中华人民共和国环境保护法》相关知识

一、适用范围

《中华人民共和国环境保护法》第三条规定了我国环境保护法的适用范围,即“本法适用于中华人民共和国领域和中华人民共和国管辖的其他海域”,这里的“中华人民共和国领域”包括我国的领陆、领水及领空。“中华人民共和国管辖的其他海域”是指我国管辖的领海以外的,依国际法仍享有管辖权的海域,如大陆架、专属经济区、毗连区等。因此可以说,凡在中华人民共和国主权管辖的区域和依照国际法应由中华人民共和国管辖的大陆架、专属经济区、毗连区等海域内从事对环境有影响的活动的单位和个人,均应遵守《中华人民共和国环境保护法》的规定。另外,作为我国环境保护法体系重要组成部分的《中华人民共和国海洋环境保护法》第二条第3款还规定:“在中华人民共和国管辖海域以外,排放有害物质,倾倒废弃物,造成中华人民共和国管辖海域污染损害的,也适用于本法。”这里规定的适用范围,要比《中华人民共和国环境保护法》规定的适用范围更大。

二、立法的目的

我国《环境保护法》第一条规定:“为保护和改善生活环境与生态环境,防治污染和其他公害，保障人体健康，促进社会主义现代化建设的发展，制定本法。”此条包含了以下三个方面的内容：第一，保护和改善生态环境，防治污染和其他公害，这一点是基础的直接的目的，这也是环境法的基本任务，因而是不言而喻的。第二，保障人体健康，这是环境法的根本任务，是最终目标之一，强调人的利益。第三，促进社会主义现代化建设的发展，即保障经济社会的发展，这也是环境法的最终目标之一。

保护和改善生活环境与生态环境，防治污染和其他公害是环境保护法的直接目的；保障人民身体健康是环境保护法的根本任务，也是环境保护立法的出发点和归宿；促进经济增长是因为环境保护与经济发展有内在的相互制约和依存的关系。这三项立法目的之间有着内在联系。首先，社会生产水平决定人们的物质生活水平，并进而决定人们对环境质量的需求；同时，随着经济的发展和社会物质的丰富，人们会在要求提高物质文化生活水平的同时，要求进一步建设清洁、安静、优美、舒适的环境。因此，把发展经济同环境保护、维护人民身体健康三者联系起来作为环境保护法的立法目的，是社会主义社会发展与经济建设的客观规律的反映。

三、基本内容

《中华人民共和国环境保护法》包括以下基本内容：

1. 总则
2. 环境监督管理
3. 保护和改善环境
4. 防治环境污染和其他公害
5. 法律责任
6. 附则

具体内容详见《中华人民共和国环境保护法》中全文。

第四节《中华人民共和国放射性污染防治法》相关知识

一、适用范围

本法适用于中华人民共和国领域和管辖的其他海域在核设施选址、建造、运行、退役和核技术、铀（钍）矿、伴生放射性矿开发利用过程中发生的放射性污染的防治活动。

二、立法的目的

为了防治放射性污染，保护环境，保障人体健康，促进核能、核技术的开发与和平利用，制定中华人民共和国放射性污染防治法。

我国核能与核技术的开发利用在对维护我国国防安全，促进国民经济和社会发展，增强我国的综合国力等方面起到巨大推动作用的同时，由此产生的安全问题和放射性污染防治问题，也越来越突出。主要表现在：一是，我国已有近百座核设施，有些核设施已经进入退役阶段，如果监管不严或者处置不当，其遗留的放射性物质将对环境和公众健康构成威胁；二是，我国现有放射源由于用户多而分散，有的单位管理不善等原因，近年来因放射源使用不当或者丢失放射源导致的放射性污染事故不断发生,造成严重后果。三是,在铀(钍)矿和伴生放射性矿开发利用过程中,由于对放射性污染防治重视不够,缺乏对放射性污染防治的专项管理制度,乱堆、乱放放射性废矿渣的情况时有发生,由此造成的放射性污染事故威胁着环境安全和公众健康。四是,我国已产生了不少放射性废物,虽然国家有放射性废物处置政策,但是,由于缺乏强制性的法律制度和措施,致使对放射性废物的处置监管不力,在一定程度上对环境和公众健康构成了威胁。因此,为了保证经济、社会的可持续发展,在促进核能、核技术开发利用的过程中,必须完善我国放射性污染防治的法律制度,加强对放射性污染的防治,保护环境,保障人体健康。

促进核能、核技术的开发与和平利用。当前,世界上的主要能源是煤、石油、天然气这些化石燃料,但化石燃料不是可再生能源,还要向大气排放大量的二氧化碳。为了实现可持续发展,人类迫切地需要新的替代能源。目前唯一达到工业应用、可以大规模替代化石燃料的能源,就是核能。核能在我国的能源消费结构中也已起着越来越重要的作用。

在核技术应用方面,我国同位素与辐射技术的应用在经历了20世纪50年代的开创,60、70年代的应用开发,和80年代以来全面发展三个阶段后,在90年代进入商业化阶段,在农业、工业、医疗等方面的应用也越来越广泛。

因此,在确立立法目的时,既要考虑防治放射性污染,又必须考虑进一步促进核能、核技术开发与和平利用,切实处理好环境保护与经济建设、社会发展的关系,使防治放射性污染与促进核能、核技术开发与和平利用相协调。

三、基本内容

《中华人民共和国放射性污染防治法》包括以下基本内容:

1. 总则
2. 放射性污染防治的监督管理
3. 核设施的放射性污染防治
4. 核技术利用的放射性污染防治
5. 铀(钍)矿和伴生放射性矿开发利用的放射性污染防治
6. 放射性废物管理
7. 法律责任
8. 附则

具体内容详见《中华人民共和国放射性污染防治法》中全文。

第五节　核安全法规相关知识

一、核安全相关法规的重要性

核安全相关的法律法规是政府安全监管部门依法行政的基础,是设计、建造、运行核设施的依据。法规规范了核设施营运单位、设计和建造单位,以及设备制造单位的行为准则,明确了设计标准和核安全目标,规定了核设施选址、设计、制造、土建、安装、调试、运行和定期试验及维修等的要求,这些要求纳入相关的安全许可证制度当中,对核设施的安全运行、保护工作人员和公众不会遭受过量放射性危害、保护环境等起到了重要作用。

核设施营运单位必须始终坚持“安全第一，质量第一”的方针，遵守国家的有关法律、行政法规和技术标准，自觉接受国家核安全监督部门的核安全监督和主管部门的安全管理，建立健全单位内部严格的安全管理制度和有效的管理体系，配备足够的安全管理资源，就能够保证核设施的安全运行，实现保护人员、社会和环境安全的目标，保证我国核能事业的可持续发展。

二、核安全相关法规的体系构成

我国政府十分重视核安全法规建设，1984 年国务院决定成立国家核安全局，并赋予其独立监督管理中国民用核设施安全的职责。从 1986 年 10 月国务院批准颁布《中华人民共和国民用核设施安全监督管理条例》至今，中国已发布了一系列的法律、法规和导则，其范围覆盖了核电厂、铀浓缩厂等，使各类民用核设施的选址、设计、建造、运行和退役做到了有法可依，逐步确立了中国的核安全法规体系。已基本形成了纵向由国家法律、行政法规、部门规章、指导性文件、参考性文件等不同层次构成国家核安全法律法规体系。其中，法律由全国人民代表大会常务委员会制定并发布，具有高于行政法规和部门规章的效力；行政法规由国务院根据宪法和法律制定并公布，具有法律约束力；部门规章由国务院有关部门根据法律和国务院行政法规在本部门权限范围内制定并发布，具有法律约束力。我国核安全法律法规结构层次如图 4-1 所示。

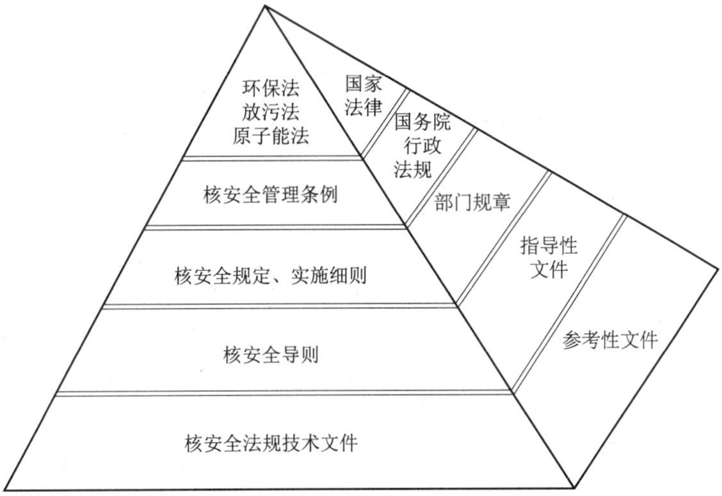

图 4-1　我国核安全法律法规层次图

(一) 国家法律

现有的适用于核安全领域的国家法律有《中华人民共和国宪法》《中华人民共和国环境保护法》《中华人民共和国放射性污染防治法》和《中华人民共和国环境影响评价法》等。另外，我国正在制订《原子能法》，这是调整和促进原子能事业发展的法律文件，它既规定了原子能事业发展的方针政策，又规定了核安全监督管理的要求。

(二) 国务院行政法规

现有的适用于核安全领域的行政法规有《中华人民共和国民用核设施安全监督管理条例》《中华人民共和国核材料管制条例》《核电厂核事故应急管理条例》《放射性物品运输安全

管理条例》和《民用核安全设备监督管理条例》等5部。

(三) 部门规章

核安全监管部门规章也是强制执行的法规,具有法律约束力,必须遵照执行。核安全监管部门和相关部门规章20多项,相关导则70多项,法规性技术文件、综合报告和核安全法规译文等180多项。

实施细则:根据管理条例,规定具体实施办法,如《核电厂安全许可证件的申请和颁发》《研究堆安全许可证件的申请和颁发》《核设施的安全监督》等。

核安全规定:规定核安全目标和基本要求,由国务院批准,国家有关部门发布,如《核电厂设计安全规定》(HAF 102)、《核电厂质量保证安全规定》(HAF 103)。

(四) 核安全导则

说明或补充核安全规定以及推荐有关方法和程序的指导文件,如与HAF 003配套的导则《核电厂质量保证大纲的制定》《核电厂设计中的质量保证》《核电厂物项制造中的质量保证》等。实际工作中可采用不同的导则规定的方法,但必须证明所用的方法至少与导则有相同的安全水平,不会对工作人员和公众增加风险。

(五) 核安全技术文件

技术文件和技术报告,如《质量保证分级手册》(HAF. J0045)、《核设备抗震鉴定试验指南》(HAF. J0053)、《核设施退役的方法和技术》(HAF. J0063)、导则中引用的规范标准(在NURGE、NRC-RG中比较普遍)等。

我国的核安全法律法规体系除了纵向的法律法规直至技术文件的各层次文件外,还有横向由通用系列、核动力系列、研究堆系列、核燃料循环设施系列、放射性废物管理系列、核材料管制系列、民用核安全设备系列、放射性物质运输系列、核技术应用系列等多系列组成的核与辐射安全法规体系。

这一法规体系基本上与国际原子能机构及许多相关国家的核安全法规体系接轨,基本满足当前核安全和辐射安全监管的需要。

核安全部门编制的部门规章主要分实施细则和核安全规定。实施细则:根据核安全管理条例规定具体实施办法的规章;核安全规定:规定核安全目标和基本安全要求的规章。核安全导则:说明和补充核安全规定以及推荐有关方法和程序的指导性文件。核安全法规技术文件:核电厂技术领域的参考性文件。

核安全法规按其所覆盖的技术领域划分为8个系列,标准格式为HAFxxx/yy/zz,其中“HAF”为“核安全法规”汉语拼音的缩写,“xxx”的第1位为各系列的代码,第2、3位为顺序号;“yy/zz”为核安全条例或规定的相应的实施细则及其附件的代码。核安全法规各系列的编排分别为:

HAF0xx/yy/zz——通用系列

HAF1xx/yy/zz——核动力系列

HAF2xx/yy/zz——研究堆系列

HAF3xx/yy/zz——核燃料循环设施系列

HAF4xx/yy/zz——放射性废物管理系列

HAF5xx/yy/zz——核材料管制系列

HAF6xx/yy/zz——民用核承压设备监督管理系列

HAF7xx/yy/zz——放射性物质运输管理系列

其中通用系列、核动力系列、放射性废物管理系列、核材料管制系列、放射性物质运输管理系列、民用核承压设备监督管理系列与核电厂的选址、设计、建造、运行和退役密切相关。我国核安全管理相关法规目录如表 4-1 所示。

表 4-1　核安全管理相关法规目录

类　别	文件名	编　码	发布时间
国家法律	中华人民共和国放射性污染防治法		2003 年 6 月 28 日 主席令颁布
行政法规	中华人民共和国民用核设施安全监督管理条例	HAF 001	1986 年 10 月 29 日 国务院颁布
行政法规	核电厂核事故应急管理条例	HAF 002	1993 年 8 月 4 日 国务院颁布
行政法规	中华人民共和国核材料管制条例	HAF 501	1987 年 11 月 5 日 国务院颁布
行政法规	放射性物品运输安全管理条例		2009 年 9 月 7 日 国务院颁布
行政法规	民用核安全设备监督管理条例		2007 年 7 月 4 日 国务院颁布
部门规章	中华人民共和国民用核设施安全监督管理条例实施细则之一：核电厂安全许可证件的申请和颁发	HAF 001/01	1993 年 12 月 31 日 国家核安全局发布
部门规章	中华人民共和国民用核设施安全监督管理条例实施细则之一附件一：核电厂操纵人员执照颁发和管理程序	HAF 001/01/01	1993 年 12 月 31 日 国家核安全局发布
部门规章	中华人民共和国民用核设施安全监督管理条例实施细则之二：核设施的安全监督	HAF 001/02	1995 年 6 月 14 日 国家核安全局发布
部门规章	中华人民共和国民用核设施安全监督管理条例实施细则之二附件一：核电厂营运单位报告制度	HAF 001/02/01	1995 年 6 月 14 日 国家核安全局发布
部门规章	中华人民共和国民用核设施安全监督管理条例实施细则之二附件二：研究堆营运单位报告制度	HAF 001/02/02	1995 年 6 月 14 日 国家核安全局发布
部门规章	中华人民共和国民用核设施安全监督管理条例实施细则之二附件三：核燃料循环设施的报告制度	HAF 001/02/03	1995 年 6 月 14 日 国家核安全局发布
部门规章	核电厂核事故应急管理条例实施细则之一：核电厂营运单位的应急准备和应急响应	HAF 002/01	1998 年 5 月 12 日 国家核安全局发布
部门规章	中华人民共和国核材料管制条例实施细则	HAF 501/01	1990 年 9 月 25 日 国家核安全局、能源部、国防科工委发布
部门规章	核电厂质量保证安全规定	HAF 003	1991 年 7 月 27 日 国家核安全局发布
部门规章	核电厂厂址选择安全规定	HAF 101	1991 年 7 月 27 日 国家核安全局发布
部门规章	核动力厂设计安全规定	HAF 102	2004 年 4 月 18 日 国家核安全局发布

续表

类　别	文件名	编　码	发布时间
部门规章	核动力厂运行安全规定	HAF 103	2004年4月18日 国家核安全局发布
部门规章	研究堆设计安全规定	HAF 201	1995年6月6日 国家核安全局发布
部门规章	研究堆运行安全规定	HAF 202	1995年6月6日 国家核安全局发布
部门规章	民用核燃料循环设施安全规定	HAF 301	1993年6月17日 国家核安全局发布
部门规章	放射性废物管理安全监督规定	HAF 401	1997年11月5日 国家核安全局发布
部门规章	民用核安全设备设计制造安装和无损检验监督管理规定	HAF 601	2008年1月1日 国家核安全局发布
部门规章	民用核安全设备无损检验人员资格管理规定	HAF 602	2008年1月1日 国家核安全局发布
部门规章	民用核安全设备焊工焊接操作工资格管理规定	HAF 603	2008年1月1日 国家核安全局发布
部门规章	进口民用核安全设备监督管理规定	HAF 604	2008年1月1日 国家核安全局发布
安全导则	核动力厂营运单位的应急准备	HAD 002/01	1989年8月12日 国家核安全局发布
安全导则	核事故辐射应急时对公众防护的导出干预水平	HAD 002/04	1991年4月19日 国家核安全局、 国家环境保护局发布
安全导则	研究堆应急计划和准备	HAD 002/06	1991年8月27日 国家核安全局发布
安全导则	民用核燃料循环设施营运单位的应急计划	HAD 002/07	1993年7月7日 国家核安全局发布
安全导则	核电厂质量保证大纲的制定	HAD 003/01	1988年10月6日 国家核安全局发布
安全导则	核电厂质量保证组织	HAD 003/02	1989年4月13日 国家核安全局发布
安全导则	滨海核电厂厂址设计基准洪水的确定	HAD 101/09	1995年5月19日 国家核安全局发布
安全导则	核电厂反应堆安全壳系统的设计	HAD 102/06	1990年5月19日 国家核安全局发布
安全导则	核电厂保护系统及有关设施	HAD 102/10	1988年10月6日 国家核安全局发布
安全导则	核电厂燃料装卸和贮存系统	HAD 102/15	1990年2月20日 国家核安全局发布
安全导则	核动力厂运行限值和条件及运行规程	HAD 103/01	2005年1月1日 国家核安全局发布

续表

类　别	文件名	编　码	发布时间
安全导则	核电厂调试程序	HAD 103/02	1987 年 4 月 17 日 国家核安全局发布
安全导则	核电厂堆芯和燃料管理	HAD 103/03	1989 年 11 月 28 日 国家核安全局发布
安全导则	核电厂运行期间的辐射防护	HAD 103/04	1990 年 5 月 19 日 国家核安全局发布
安全导则	核动力厂营运单位的组织和安全运行管理	HAD 103/06	2006 年 7 月 1 日 国家核安全局发布
安全导则	核电厂在役检查	HAD 103/07	1988 年 10 月 6 日 国家核安全局发布
安全导则	研究堆安全分析报告的格式和内容	HAD 201/01	1996 年 12 月 16 日 国家核安全局发布
安全导则	研究堆运行管理	HAD 202/01	1989 年 4 月 3 日 国家核安全局发布
安全导则	研究堆和临界装置退役	HAD 202/04	1992 年 4 月 18 日 国家核安全局发布
安全导则	铀燃料加工设施安全分析报告的标准格式与内容	HAD 301/01	1991 年 7 月 24 日 国家核安全局发布
安全导则	乏燃料贮存设施的设计	HAD 301/02	1998 年 7 月 10 日 国家核安全局发布
安全导则	核电厂放射性排出流和废物管理	HAD 401/01	1990 年 5 月 19 日 国家核安全局发布
安全导则	核电厂放射性废物管理系统的设计	HAD 401/02	1997 年 1 月 16 日 国家核安全局发布
安全导则	放射性废物焚烧设施的设计与运行	HAD 401/03	1997 年 2 月 15 日 国家核安全局发布
安全导则	低浓铀转换及元件制造厂核材料衡算	HAD 501/01	2008 年 9 月 1 日 国家核安全局发布
安全导则	核设施实物保护	HAD 501/02	2008 年 9 月 1 日 国家核安全局发布